品安全标准应用实务

国家食品药品监督管理总局科技和标准司　组织编写

U0285472

中国医药科技出版社

内 容 提 要

食品安全标准是具有法律法规属性的技术性法规，是公众健康的重要保障，是生产经营者的基本遵循，是监管部门的执法依据。本书分别介绍了预包装食品标签、预包装食品营养标签、预包装特殊膳食用食品标签、食品添加剂使用、食品中真菌毒素限量、致病菌限量、食品中污染物限量、食品营养强化剂使用、食品中农药最大残留限量等9项基础通用性国家标准的主要技术内容、常见问题释疑以及典型案例分析，以帮助食品生产经营者、食品药品监督管理部门、食品检验机构、食品行业协会以及广大消费者更好地理解、使用食品安全国家标准。

图书在版编目（CIP）数据

食品安全标准应用实务 / 国家食品药品监督管理总局科技和标准司组织编写. —北京：中国医药科技出版社，2017.1

ISBN 978-7-5067-8742-0

Ⅰ.①食…　Ⅱ.①国…　Ⅲ.①食品安全－安全标准－研究－中国　Ⅳ.①TS201.6-65

中国版本图书馆CIP数据核字（2016）第288608号

美术编辑　陈君杞

版式设计　麦和文化

出版　中国医药科技出版社

地址　北京市海淀区文慧园北路甲 22 号

邮编　100082

电话　发行：010-62227427　邮购：010-62236938

网址　www.cmstp.com

规格　710×1000mm $^1/_{16}$

印张　18 $^3/_4$

字数　218 千字

版次　2017 年 1 月第 1 版

印次　2017 年 9 月第 2 次印刷

印刷　三河市百盛印装有限公司

经销　全国各地新华书店

书号　ISBN 978-7-5067-8742-0

定价　65.00 元

前言
Preface

食品安全国家标准是具有法律属性的技术性规范，是公众健康的重要保障，是食品生产经营者的基本遵循，是食品药品监督管理部门的执法依据。习近平总书记强调，要用最严谨的标准、最严格的监管、最严厉的处罚、最严肃的问责，确保广大人民群众"舌尖上的安全"，首要提出的就是"最严谨的标准"，进一步明确了食品安全标准工作是保障食品安全的重要基础性工作。

作为判断食品是否安全、生产经营行为是否合法的标尺，食品安全国家标准具有较强的专业技术性和科学严谨性。为帮助食品生产经营者、食品药品监督管理部门、食品检验机构、食品行业协会以及广大消费者等相关各方更好地理解、使用食品安全国家标准，国家食品药品监督管理总局科技和标准司组织国家食品质量安全监督检验中心等单位和国家食品安全风险评估中心专家系统梳理了基础通用性食品安全国家标准的实施要点、常见问题释疑以及典型案例分析，供相关各方参考使用。

本书共分为九个章节，分别就《食品安全国家标准 预包装食品标签通则》（GB 7718-2011）、《食品安全国家标准 预包装食品营养标签通则》（GB 28050-2011）、《食品安全国家标准 预包装特殊膳食用食品标签》（GB 13432-2013）、《食品安全国家标准 食品添加剂使用标准》（GB 2760-2014）、《食品

安全国家标准 食品中真菌毒素限量》（GB 2761-2011）、《食品安全国家标准 食品中污染物限量》（GB 2762-2012）、《食品安全国家标准 食品中致病菌限量》（GB 29921-2013）、《食品安全国家标准 食品营养强化剂使用标准》（GB 14880-2012）、《食品安全国家标准 食品中农药最大残留限量》（GB 2763-2014）等9项基础通用性标准的主要技术内容进行了解释说明，并结合标准应用中遇到的常见问题给出了指导意见，同时辅以典型案例分析帮助理解应用。因篇幅原因，本书附录仅汇总了GB 7718-2011等7项标准文本，GB 2760-2014和GB 2763-2014标准文本未予收录，使用者可从国家卫生和计划生育委员会官方网站查询。

由于编写时间有限，不妥之处敬请各位读者批评指正。

编者

2016年11月

目 录
Contents

第1章 《食品安全国家标准　预包装食品标签通则》
（GB 7718-2011）/ 1

1.1　实施要点 / 1

1.1.1　预包装食品的定义 / 1

1.1.2　标准的适用范围 / 1

1.1.3　食品真实属性的专用名称 / 2

1.1.4　配料的定量标示 / 3

1.1.5　复合配料的标示 / 3

1.1.6　食品添加剂的标示 / 4

1.1.7　生产日期的标示 / 7

1.2　常见问题释疑 / 7

1.2.1　如何标示进口预包装饮料酒的原产国 / 7

1.2.2　进口预包装食品是否需要标注质量等级 / 7

1.2.3　如何标示进口食品生产日期和保质期 / 7

1.2.4　如何理解标准3.8.2条款中"可以同时使用外文，但应与中文有对应关系" / 8

1.2.5　食品中使用了菌种在标签中应如何标示 / 8

1.2.6　如何确定和标示产品的保质期 / 8

1.2.7　食品标签中是否可以使用繁体字 / 9

1.2.8　销售单元包含若干可独立销售的预包装食品时，直接向消费者交付的外包装（大包装）标签如何标示 / 9

1.2.9　如何判断预包装食品标签上的汉字字高 / 10

1.2.10 胶原蛋白肠衣是否需要在配料表中标示原始配料 / 10

1.2.11 植物油配料在配料表中如何标示 / 10

1.2.12 花生牛奶等预包装食品，是否必须在产品名称同一展示版面用相同字号标示"调制乳" / 10

1.2.13 预包装食品配料表中味精（谷氨酸钠）如何标示 / 11

1.3 示例分析 / 11

1.3.1 水在配料表中的标示 / 11

1.3.2 真实属性名称的标示 / 12

1.3.3 "无蔗糖"食品的标示 / 13

1.3.4 葡萄酒中"二氧化硫"的标示 / 13

第2章 《食品安全国家标准 预包装食品营养标签通则》（GB 28050-2011）/ 14

2.1 实施要点 / 14

2.1.1 GB 28050与GB 7718的关系 / 14

2.1.2 标准的实施原则 / 14

2.1.3 标准的适用范围 / 15

2.1.4 豁免标示营养标签的情形 / 15

2.1.5 强制标示内容 / 17

2.1.6 营养成分含量的标示 / 18

2.1.7 营养成分表的格式 / 19

2.1.8 可选择性标示的内容 / 20

2.1.9 "份"的标示 / 20

2.1.10 预包装食品营养强化剂的标示 / 20

2.2 常见问题释疑 / 21

2.2.1 重复使用的玻璃瓶饮料产品如何标示营养标签 / 21

2.2.2 营养成分表中NRV%列是否可以只标数值，省略"%" / 22

2.2.3 糖醇的能量折算系数应按照多少进行计算 / 22

2.2.4 营养成分表中NRV%的修约间隔是否必须为1 / 22

2.2.5 当产品中脂肪或蛋白质的实际含量小于"0"界限值时，营养成分表中应标示"0"还是"0.0" / 22

2.2.6 营养成分表中能量英文的表达单位是否可以标示为"kJ" / 22

2.2.7 声称"零反式脂肪酸"就不能检测出任何反式脂肪酸吗 / 23

2.2.8 营养标签上的数值是否必须经检测获得 / 23

2.2.9 使用强化面粉制作的面包，在其营养成分表中是否需要标示出面粉中强化的营养成分 / 23

2.2.10 营养成分表中英文，如energy，对其字母大小写有要求吗 / 24

2.2.11 碳水化合物含量为"0"时，就可以声称"无糖"吗 / 24

2.2.12 乳品中乳糖含量≤0.5g/100g（ml）时，必须声称"无乳糖"吗 / 24

2.2.13 调制乳粉中，α-亚麻酸、亚油酸可否在营养成分表中标示 / 24

2.2.14 瓶型或罐型的预包装食品，包装总表面积应如何计算 / 25

2.3 示例分析 / 25

2.3.1 基本格式错误 / 25

2.3.2 核心营养素标示不全 / 25

2.3.3 未标示强化后的营养成分含量 / 26

2.3.4 未标示反式脂肪酸及声称的营养成分含量 / 27

2.3.5 名称标示及排列顺序错误 / 27

2.3.6 含量标示方式错误 / 28

2.3.7 NRV%标示错误 / 29

2.3.8 单位及修约间隔标示错误 / 29

2.3.9 营养成分含量声称不符合相应要求 / 30

2.3.10 营养成分功能声称不规范 / 31

第3章 《食品安全国家标准　预包装特殊膳食用食品标签》（GB 13432-2013）/ 32

3.1 实施要点 / 32

3.1.1　GB 13432与GB 7718、GB 28050的关系 / 32

3.1.2　标准的适用范围 / 32

3.1.3　营养成分的标示内容 / 33

3.1.4　营养成分的标示方式 / 34

3.1.5　营养成分标示值的允许误差 / 34

3.1.6　营养成分的含量声称 / 34

3.1.7　营养成分的功能声称 / 35

3.2 常见问题释疑 / 36

3.2.1　幼儿配方食品的标签上适用年龄标示为"一岁以上"，是否与产品标准中幼儿的定义（12~36月龄的人）相冲突 / 36

3.2.2　特殊医学用途配方食品的标签上是否可以对膳食纤维进行含量声称和功能声称 / 36

3.2.3　婴幼儿配方食品中是否可以使用 β－胡萝卜素，应如何标示 / 36

3.2.4　婴幼儿配方乳粉标签上标注"XXX研究：DHA与婴儿专注力有关"等类似用语，是否属于功能声称 / 37

3.3 示例分析 / 37

3.3.1　"特殊膳食用食品"字样的标示 / 37

3.3.2　能量和营养成分的标示 / 38

3.3.3　营养声称的标示 / 38

3.3.4　产品标准中对标签标示的要求 / 41

第4章 《食品安全国家标准 食品添加剂使用标准》（GB 2760-2014）/ 42

4.1 实施要点 / 42

4.1.1 标准的适用范围 / 42

4.1.2 食品添加剂的定义 / 42

4.1.3 食品添加剂的使用原则 / 42

4.1.4 食品分类系统 / 43

4.1.5 食品添加剂的功能类别 / 76

4.1.6 食品添加剂使用规定查询 / 80

4.1.7 食品添加剂的使用规定 / 83

4.1.8 食品用香料、香精的使用原则及使用规定 / 87

4.1.9 食品工业用加工助剂的使用原则及使用规定 / 88

4.1.10 食品添加剂的带入原则 / 89

4.2 常见问题释疑 / 91

4.2.1 餐饮环节中食品添加剂的使用如何执行 / 91

4.2.2 保健食品中食品添加剂的使用如何执行 / 91

4.2.3 具有双重属性的食品添加剂如何使用 / 92

4.2.4 食品用香料执行什么标准 / 92

4.2.5 食品用香精执行什么标准 / 93

4.2.6 工业酶制剂该如何执行标准 / 93

4.2.7 粉皮类产品中食品添加剂使用如何执行 / 93

4.2.8 粽子等水蒸类糕点中的食品添加剂使用如何执行 / 93

4.2.9 食品加工过程中是否允许使用过氧化氢 / 94

4.2.10 水产加工品中的食品添加剂使用如何执行 / 94

4.2.11 "辅食营养补充品"在GB 2760中属于哪类 / 94

4.2.12 婴幼儿谷类辅助食品除了可以添加香兰素以外，能否添加其他香料 / 94

4.2.13　食品工业用加工助剂是否可与其他食品添加剂复配生产复配食品
添加剂 / 95

4.2.14　GB 2760-2014实施日期该如何执行 / 95

4.3　关于GB 2760-2014的增补公告 / 95

4.4　示例分析 / 104

4.4.1　带入原则的应用 / 104

4.4.2　食品类别的界定 / 105

4.4.3　食品配料中添加剂的使用 / 105

4.4.4　白酒中纽甜的使用 / 105

4.4.5　过氧化氢的使用 / 106

第5章　**《食品安全国家标准　食品中真菌毒素限量》**
（GB 2761-2011）/ 107

5.1　实施要点 / 107

5.1.1　应用原则 / 107

5.1.2　标准的适用范围 / 107

5.1.3　可食用部分的定义 / 108

5.1.4　食品类别（名称）说明 / 108

5.1.5　谷类制品中脱氧雪腐镰刀菌烯醇限量 / 108

5.2　示例分析 / 108

5.2.1　花生类糖果中黄曲霉毒素 B_1 判定 / 108

5.2.2　纯芝麻酱中真菌毒素指标判定 / 109

第6章　**《食品安全国家标准　食品中污染物限量》**
（GB 2762-2012）/ 111

6.1　实施要点 / 111

6.1.1　实施原则 / 111

6.1.2　标准的适用范围 / 111

6.1.3　污染物的定义 / 112

6.1.4　可食用部分的定义 / 112

6.1.5　食品类别（名称）说明 / 113

6.1.6　限量指标的查找方法 / 114

6.2　常见问题释疑 / 115

6.2.1　干制食品污染物限量如何执行 / 115

6.2.2　松茸中的污染物限量如何执行 / 116

6.2.3　枸杞中的污染物限量如何执行 / 116

6.2.4　黄花菜中镉限量如何执行 / 116

6.2.5　食品中铬限量如何执行 / 116

6.2.6　为什么删除了食品中硒限量 / 117

6.2.7　为什么删除了食品中铝限量 / 118

6.2.8　为什么删除了食品中氟限量 / 118

6.3　示例分析 / 119

6.3.1　风味鱼干制熟食中重金属的判定 / 119

6.3.2　干制食用菌中重金属的判定 / 119

6.3.3　干制香辛料中重金属的判定 / 120

第7章　《食品安全国家标准　食品中致病菌限量》（GB 29921-2013）/ 121

7.1　实施要点 / 121

7.1.1　标准的适用范围 / 121

7.1.2　标准的主要内容 / 121

7.1.3　标准的实施原则 / 121

7.1.4　致病菌指标设置 / 122

7.1.5　标准适用的主要食品类别 / 124

7.1.6　采样方案 / 129

7.1.7　食品中致病菌限量要求 / 129

7.2　常见问题释疑 / 136

7.2.1　本标准为何未设置志贺氏菌限量 / 136

7.2.2　常见饮料的适用范围如何确定 / 136

7.2.3　罐头食品是否适用本标准 / 136

7.2.4　花生酱和芝麻酱中致病菌限量如何判定 / 136

7.2.5　散装食品如何规定致病菌限量 / 136

7.2.6　含有多种食物成分的食品中的致病菌限量如何执行 / 137

7.2.7　对于执行绿色食品标准的产品如何执行致病菌的规定 / 137

7.2.8　婴儿配方食品中阪崎肠杆菌的检验方法如何执行 / 137

7.2.9　进口生食水产品中的致病菌限量如何执行 / 137

7.2.10　水磨年糕、饵块等产品中致病菌如何判定 / 137

7.2.11　焙烤馅料产品中致病菌如何判定 / 138

7.2.12　冻面米制品有致病菌限量要求吗 / 138

第8章　《食品安全国家标准　食品营养强化剂使用标准》（GB 14880-2012）/139

8.1　实施要点 / 139

8.1.1　GB 14880与GB 2760的关系 / 139

8.1.2　标准的适用范围 / 139

8.1.3　营养强化剂的定义 / 139

8.1.4　使用营养强化剂的目的 / 140

8.1.5　使用营养强化剂的要求 / 140

8.1.6　标准的主要内容 / 140

8.1.7　附录A的理解和使用 / 141

8.1.8　附录B与附录C名单的差异 / 142

8.1.9　营养强化剂的质量规格 / 144

8.1.10 附录D食品分类系统的理解与应用 / 145

8.1.11 营养强化剂新品种及扩大使用范围和使用量的规定 / 146

8.2 常见问题释疑 / 146

8.2.1 既属于食品营养强化剂又属于新食品原料或普通食品的部分物质如何使用 / 146

8.2.2 孕产妇用乳粉、儿童用乳粉以及老年奶粉中食品营养强化剂如何使用 / 146

8.2.3 孕产妇用调制乳和儿童用调制乳中强化剂如何使用 / 147

8.2.4 婴儿配方食品中如何使用氯化钠 / 147

8.2.5 营养强化剂是否应标示其来源 / 147

8.2.6 哪几种生产工艺来源的低聚果糖可用于婴幼儿配方食品和婴幼儿谷类辅助食品 / 148

8.2.7 营养强化剂低聚果糖如何使用和检验 / 148

8.2.8 "儿童用乳粉"中儿童年龄如何界定 / 148

8.2.9 婴儿配方食品中强化了核苷酸，其标签配料表中如何标示 / 148

8.2.10 为何取消食盐作为营养强化剂载体 / 149

8.2.11 营养强化剂牛磺酸能否用于儿童用调制乳 / 149

8.2.12 牛奶中强化钙是否会导致钙摄入过量 / 149

8.3 示例分析 / 149

8.3.1 维生素E强化植物油的标示方式 / 149

8.3.2 钙强化调制乳的标示和声称 / 150

8.3.3 同类的营养强化剂（如维生素类）的标示 / 151

8.3.4 调制乳粉中添加抗坏血酸棕榈酸酯的功能判定 / 151

8.3.5 1,3-二油酸-2-棕榈酸甘油三酯的使用 / 151

8.3.6 营养强化剂使用量的换算 / 152

8.3.7 强化DHA的标示 / 153

8.3.8 带括号的营养强化剂的标示 / 153

第9章 《食品安全国家标准 食品中农药最大残留限量》
（GB 2763-2014）/ 154

9.1 实施要点 / 154

　　9.1.1 标准的适用范围 / 154

　　9.1.2 农药残留的相关定义 / 154

　　9.1.3 查找方法和使用原则 / 156

9.2 常见问题释疑 / 157

　　9.2.1 组限量 / 157

　　9.2.2 测定部位选取 / 158

　　9.2.3 检测方法选择 / 159

　　9.2.4 加工食品农残限量 / 159

　　9.2.5 农药种类合并 / 159

　　9.2.6 农药母体与残留物关系 / 160

9.3 示例分析 / 163

　　9.3.1 检测结果的符合性判定 / 163

　　9.3.2 样品质量的计算 / 164

　　9.3.3 检测方法的选择 / 164

　　9.3.4 加工食品的农残限量和检测方法 / 164

　　9.3.5 测定部位的选择 / 164

9.4 相关公告 / 165

附　录 / 192

　　预包装食品标签通则（GB 7718—2011）/ 192

　　预包装食品营养标签通则（GB 28050—2011）/ 205

　　预包装特殊膳食用食品标签（GB 13432—2013）/ 222

　　食品中真菌毒素限量（GB 2761—2011）/ 227

　　食品中污染物限量（GB 2762—2012）/ 236

　　食品中致病菌限量（GB 29921—2013）/ 253

　　食品营养强化剂使用标准（GB 14880—2012）/ 257

《食品安全国家标准 预包装食品标签通则》
（GB 7718-2011）

1.1 实施要点

1.1.1 预包装食品的定义

GB 7718将"预包装食品"定义为：预先定量包装或者制作在包装材料和容器中的食品，包括预先定量包装以及预先定量制作在包装材料和容器中并且在一定量限范围内具有统一的质量或体积标识的食品。

仅靠是否存在包装不能判断一件食品是否为预包装食品。散装食品和现制现售食品也可能会有保护性包装，目的是避免或减少贮存、运输和销售过程中被污染的可能，这两类食品在销售场所通常会有现场计量过程，但没有统一的质量或体积标识，不属于预包装食品。因此，最直观的判断方式就是预包装食品包装上应有统一的质量或体积的标示，没有相关标示就不是预包装食品。

1.1.2 标准的适用范围

本标准适用于直接提供给消费者的预包装食品标签和非直接提供给消费者的预包装食品标签，不适用于为预包装食品在储藏运输过程中提供保护的食品储运包装标签、散装食品和现制现售食品的标识。

本标准根据预包装食品标签信息传递的对象将其分为两类，直接提供给消费者的预包装食品和非直接提供给消费者的预包装食品。直接提供给消费

者的预包装食品包括生产者直接或通过食品经营者（包括餐饮服务）提供给消费者的预包装食品，以及既提供给消费者又提供给其他食品生产者的预包装食品；而非直接提供给消费者的预包装食品包括生产者提供给其他食品生产者的预包装食品，以及生产者提供给餐饮业作为原料、辅料使用的预包装食品。

标准中对于这两类食品标签的要求也有所不同，对于直接提供给消费者的预包装食品，其标签信息应包括食品名称、配料表、净含量和规格、生产商和（或）经销者的名称、地址和联系方式、生产日期和保质期、贮存条件、食品生产许可证编号、产品标准代号及其他需要标示的内容；非直接提供给消费者的预包装食品标签则应标示食品名称、规格、净含量、生产日期、保质期和贮存条件，未在标签上标注的其他内容，则应在说明书或合同中注明。

1.1.3　食品真实属性的专用名称

本标准规定，预包装食品应在食品标签的醒目位置，清晰地标示反映食品真实属性的专用名称。"反映食品真实属性的专用名称"是能够反映食品本身固有的性质、特性、特征的名称，使消费者能够直观获知食品的属性。命名时可以选用相应国家标准、行业标准或地方标准中的标准名称以及标准中规定的食品名称，当有多个标准时，可以选用其中一个或与其等效的名称。等效名称是指与国家标准、行业标准或地方标准中已规定名称的同义或本质相同的名称，如"乳粉"与"奶粉"等。

国家标准、行业标准或地方标准中规定的名称可以作为预包装食品的食品名称，但食品名称并不是必须采用某个标准中的名称。当一个特定名称能够清晰、准确地反映食品的配料信息及其真实属性时，也可以采用。如果没有国家标准、行业标准或地方标准规定的名称，在不造成误导消费者的前提下，可以采用广泛使用、通俗易懂的名称，如"三明治"等。

当产品风味仅来自于所使用的食用香精香料时，不应直接使用该香精香料的名称来命名，如使用巧克力香精但不含巧克力成分的乳品，产品名称不应为"巧克力"牛奶，而是"巧克力味"牛奶。

1.1.4 配料的定量标示

本标准中4.1.4.1条规定，如果在食品标签或食品说明书上特别强调添加了或含有一种或多种有价值、有特性的配料或成分，应标示所强调配料或成分的添加量或在成品中的含量。

根据此要求，若同时满足以下两个条件，则必须对配料或成分进行定量标示：一是"特别强调"，即通过对配料或成分的宣传引起消费者对该产品、配料或成分的重视，以文字形式在配料表内容以外的标签上突出或暗示添加或含有一种或多种配料或成分；二是"有价值、有特性"，即暗示所强调的配料或成分对人体有益的程度超出该食品一般情况所应当达到的程度，并且配料或成分具有不同于该食品的一般配料或成分的属性，是相对特殊的配料。在满足"特别强调"的前提下，只要具备"有价值、有特性"中的一点就应当进行定量标示。

此外，标准中4.1.4.2条规定，如果在食品的标签上特别强调一种或多种配料或成分的含量较低或无时，应标示所强调配料或成分在成品中的含量。当使用"不添加"等词汇修饰某种配料（含食品添加剂）时，应真实准确地反映食品配料的实际情况，即生产过程中不添加某种物质，其原料也未使用该物质，否则可视为对消费者的误导。当《食品安全国家标准 食品添加剂使用标准》(GB 2760-2014)未批准某种添加剂在该类食品中使用时，不应使用"不添加"该种添加剂来误导消费者。

若强调的成分为《食品安全国家标准 预包装食品营养标签通则》(GB 28050-2011)中规定的营养成分，还应该符合GB 28050的相应要求。

1.1.5 复合配料的标示

标准中4.1.3.1.3条规定，对于直接加入食品中的复合配料（不包括复合

食品添加剂），应在配料表中标示复合配料的名称，随后将复合配料的原始配料在括号内按加入量的递减顺序标示。当某种复合配料已有国家标准、行业标准或地方标准，且其加入量小于食品总量的25%时，不需要标示复合配料的原始配料。

因此，复合配料（不包括复合食品添加剂）在配料表中的标示可以分为以下三种。

（1）如果直接加入食品中的复合配料已有国家标准、行业标准或地方标准，并且其加入量小于食品总量的25%，可直接标示复合配料的标准名称，无需标示复合配料的原始配料。加入量小于食品总量的25%的复合配料中含有的食品添加剂，若符合GB 2760规定的带入原则且在最终产品中不起工艺作用的，不需要标示，但复合配料在终产品中起工艺作用的食品添加剂应当标示。可以在复合配料名称后加括号，并在括号内标示该食品添加剂的通用名称，如"酱油（含焦糖色）"。

（2）如果直接加入食品中的复合配料没有国家标准、行业标准或地方标准，或者该复合配料已有国家标准、行业标准或地方标准且加入量大于食品总量的25%，则应在配料表中标示复合配料的名称，并在其后加括号，按加入量的递减顺序逐一标示复合配料的原始配料，其中加入量不超过食品总量2%的配料可以不按递减顺序排列。

（3）当复合配料中的原始配料与食品中的其他配料相同时，也可在配料表中直接标示复合配料中的各原始配料。各配料的排列顺序应在将同一配料合并计算后，按其在终产品中的总量决定。

1.1.6 食品添加剂的标示

食品生产经营企业在配料表中应如实标示所使用的食品添加剂，但不必标示"食品添加剂"字样。本标准的附录B给出了标示形式的参考，食品生产经营企业标示食品添加剂时应参照执行。

（1）标示方式

在同一预包装食品的标签上，使用的食品添加剂可选择以下三种形式之一标示。

①标示食品添加剂的具体名称，如标示为"卡拉胶，瓜尔胶"。

②标示食品添加剂的功能类别名称和具体名称，如标示为"增稠剂（卡拉胶，瓜尔胶）"。

③标示食品添加剂的功能类别名称和国际编码（INS号），如标示为"增稠剂（407，412）"。如果某种食品添加剂尚不存在相应的国际编码，或因致敏物质（过敏原）标示需要，可以标示其具体名称。如"增稠剂（卡拉胶，聚丙烯酸钠）"或"增稠剂（407，聚丙烯酸钠）；乳化剂（471，大豆磷脂）"或"乳化剂（单甘油脂肪酸酯，大豆磷脂）"。

（2）食品添加剂标示的具体情形

结合食品添加剂使用的不同情形，标示要求如下。

①食品添加剂可具有一种或多种功能，如果企业在标签上标示食品添加剂的功能类别名称，应当按照食品添加剂在产品中的实际功能在标签上标示。

②如果GB 2760中对一个食品添加剂规定了两个及两个以上的名称，每个名称均为等效的名称，标示时应选用其中的一个。在食品添加剂通用名称的中文名称过长、食品添加剂通用名称的英文名称已经普遍被消费者认知、食品添加剂通用名称的英文名称或其缩写出现在食品安全国家标准、地方标准、行业标准等情况下，可标示该食品添加剂通用名称的英文名称或其英文缩写。

③对不同制法食品添加剂，可直接标示食品添加剂的名称但不标示制法，如加氨生产、普通法、亚硫酸铵法生产的焦糖色，在标签上可统一标示为"焦糖色"。

④考虑食物致敏物质标示的需要，可以在GB 2760规定的具体名称前增加来源描述。如"磷脂"可以标示为："大豆磷脂""乳化剂（大豆磷脂）""磷脂（大豆磷脂）""磷脂（含大豆）"。

⑤由两种或两种以上食品添加剂、添加或不添加辅料、经物理方法混匀而成的复配食品添加剂，应当在食品配料表中分别标示其中的每种食品添加剂。

⑥食品添加剂中的辅料是为了单一或复配的食品添加剂的加工、贮存、标准化、溶解等工艺目的而添加的食品原料和食品添加剂。这些物质在使用该食品添加剂的食品中不发挥作用，不需要在配料表中标示。如商品化的叶黄素产品可含有食用植物油、糊精、抗氧化剂等辅料，但该添加剂可直接标示为"叶黄素"，或"着色剂（叶黄素）""着色剂（161b）"。

⑦加工助剂不需要标示。加工助剂可以是食品原料，也可以是GB 2760的表C中所列的物质。

⑧对于列入GB 2760中"食品用酶制剂及其来源名单"的酶制剂，如果在终产品中已经失去酶活力的不需要进行标示；如果在终产品中仍然保持酶活力的，应按照食品配料表中配料标示的有关规定，按制造或加工食品时酶制剂的加入量，排列在配料表的相应位置。

⑨食品营养强化剂的名称应标示《食品安全国家标准 食品营养强化剂使用标准》（GB 14880–2012）或相关批准公告中的名称。核黄素、维生素E、聚葡萄糖等既可作为食品添加剂又可作为营养强化剂的物质，应按其在终产品中发挥的作用标示，如发挥食品添加剂作用，标示其在GB 2760中的通用名称；如发挥营养强化剂作用，标示其在GB 14880中的名称。

⑩对于味精（谷氨酸钠），标示"味精"或"谷氨酸钠"都可以反映食品中该配料的特性。如果在配料中作为食品使用，应标示"味精"；如果用作食品添加剂，则应标示"谷氨酸钠"。

⑪标示复合配料中的食品添加剂时，应按照标准中4.1.3.1.3的规定。如果直接加入食品中的复合配料已有国家标准、行业标准或地方标准，并且其加入量小于食品总量的25%，其中的添加剂符合GB 2760规定的带入原则且在最终产品中不起工艺作用的，无需标示。如红烧牛肉罐头的配料中有酱油，

由酱油中带入的苯甲酸钠在终产品中不起防腐作用，不必在红烧牛肉罐头的配料表中标示。

1.1.7 生产日期的标示

本标准中规定，生产日期（制造日期）是指食品成为最终产品的日期，也包括包装或灌装日期，即将食品装入（灌入）包装物或容器中，形成最终销售单元的日期。其包括了生产、制造、包装等几个含义，既包括传统意义的"制造日期""灌装日期"，又包括将食品置入最终销售单元的"包装日期"和食品能够进入销售领域的"出厂日期"。

若根据工艺需要，需经"后熟"等工艺存放后的成品，其生产日期是指食品成为所描述产品的日期；若是大包装产品进行分装，其生产日期应标示为分装后成为最终销售单元的日期。

1.2 常见问题释疑

1.2.1 如何标示进口预包装饮料酒的原产国

根据GB 7718规定，进口预包装食品应当标示原产国国名或地区区名，是指食品成为最终产品的国家或地区名称，也包括包装（或灌装）国家或地区名称。

进口预包装饮料酒的中文标签应当如实准确标示原产国国名或地区区名。

1.2.2 进口预包装食品是否需要标注质量等级

进口预包装食品不强制标示相关产品标准代号和质量（品质）等级。如果企业标示了产品标准代号和质量（品质）等级，应确保真实、准确。

1.2.3 如何标示进口食品生产日期和保质期

进口食品在国内进行分装，属于形成最终销售单元的操作。根据GB 7718中2.4条的规定，生产日期应标示为在国内分装成为最终销售单元的日期。

预包装食品的保质期与食品的生产工艺、贮存条件等有关，企业应根据实际情况确定某种预包装食品的保质期。进口食品在国内分装后所形成的最终销售单元的保质期不应超过原进口食品的保质期。

1.2.4　如何理解标准3.8.2条款中"可以同时使用外文，但应与中文有对应关系"

预包装食品标签上应该使用规范的汉字（商标除外），在此基础上可以同时使用外文，外文应与中文有对应的关系，且所用外文字号不得大于相应的汉字字号。

对于进口预包装食品，若采用在原进口包装外加贴中文标签方式进行标示，其中文标签应符合GB 7718的相关规定，不必对其原外文标签进行全文翻译。

1.2.5　食品中使用了菌种在标签中应如何标示

原卫生部办公厅《关于印发〈可用于食品的菌种名单〉的通知》（卫办监督发〔2010〕65号）和《关于公布可用于婴幼儿食品的菌种名单的公告》（卫生部公告2011年第25号）分别规定了可用于食品和婴幼儿食品的菌种名单。预包装食品中使用了上述菌种的，应当按照GB 7718的要求标注菌种名称，企业可同时在预包装食品上标注相应菌株号及菌种含量。菌种含量的标示建议以"10^6"加单位的方式，即以"10^6CFU/g"或"10^6CFU/ml"的形式标示。

自2014年1月1日起食品生产企业应当按照以上规定在预包装食品标签上标示相关菌种。2014年1月1日前已生产销售的预包装食品，可继续销售至食品保质期结束。

1.2.6　如何确定和标示产品的保质期

根据GB 7718中2.5条款的规定，"保质期是预包装食品在标签指明的贮存条件下，保持品质的期限"。

保质期取决于预包装食品的生产条件、包装材料、储运过程等多种因素，由企业根据产品特性和生产加工安全质量控制水平确定，是企业对消费者的保证。在此期限内，产品应在达到贮存条件的情况下，完全适于销售，并能够保持标签中不必说明或已经说明的特有品质。

根据GB 7718中4.1.7条款的规定，应清晰标示预包装食品的生产日期和保质期，保质期的标示可以采用附录C中的任意一种标示方式，可选择以固定时间段的形式（如保质期6个月），也可为具体日期的形式（如保质期至2016年10月1日或2016年10月1日之前最佳），保质期应与生产日期具有对应关系。以固定时间段形式标示保质期的，可选择以生产日期或生产日期第二天为保质期计算起点。

标准中还规定下列预包装食品免除标示保质期：酒精度大于等于10%的饮料酒、食醋、食用盐、固态食糖类和味精。此外，当预包装食品包装物或包装容器的最大表面积小于10cm^{2}时，可以只标示产品名称、净含量、生产者（或经销商）的名称和地址，也可免除保质期的标示。除上述情况外，其余的预包装食品均应按照标准要求标示保质期。

1.2.7　食品标签中是否可以使用繁体字

繁体字属于汉字，但不属于GB 7718中规定的"规范的汉字"。食品标签应使用规范的汉字（商标除外），可以在使用规范汉字的同时，使用相应的繁体字。

1.2.8　销售单元包含若干可独立销售的预包装食品时，直接向消费者交付的外包装（大包装）标签如何标示

首先，销售单元内的独立包装食品应分别标示强制标示内容。外包装（或大包装）的标签标示分为两种情况。

①如果该销售单元内的多件食品为不同品种时，应在外包装上标示每个品种食品的所有强制标示内容，可将共有信息统一标示。

②如果外包装（或大包装）易于开启识别，或者透过外包装（或大包装）

能够清晰识别内包装物（或容器）的所有或部分强制标示内容，可以不在外包装（或大包装）上重复标示相应的内容。

1.2.9　如何判断预包装食品标签上的汉字字高

GB 7718中3.9条款要求预包装食品包装物或包装容器最大表面面积大于35cm²时，强制标示内容的文字、符号、数字的高度不得小于1.8mm。

原则上，汉字高度以同一字号字体中的上下结构或左右结构的汉字判断为准，不以结构扁平的独体字、包围或半包围结构的汉字判断。

1.2.10　胶原蛋白肠衣是否需要在配料表中标示原始配料

胶原蛋白肠衣属于食品复合配料，已有相应的国家标准和行业标准。根据GB 7718中4.1.3.1.3条款的规定，对胶原蛋白肠衣加入量小于食品总量25%的预包装食品，其标签上可不标示胶原蛋白肠衣的原始配料。

1.2.11　植物油配料在配料表中如何标示

植物油作为食品配料时，可以选择以下两种形式之一标示。

（1）标示具体来源的植物油，如棕榈油、大豆油、精炼大豆油、葵花籽油等，也可以标示相应的国家标准、行业标准或地方标准中规定的名称。如果使用的植物油由两种或两种以上的不同来源的植物油构成，应按加入量的递减顺序标示。

（2）标示为"植物油"或"精炼植物油"，并按照加入总量确定其在配料表中的位置。如果使用的植物油经过氢化处理，且有相关的产品国家标准、行业标准或地方标准，应根据实际情况，标示为"氢化植物油"或"部分氢化植物油"，并标示相应产品标准名称。

1.2.12　花生牛奶等预包装食品，是否必须在产品名称同一展示版面用相同字号标示"调制乳"

根据《食品安全国家标准　调制乳》（GB 25191–2010）规定，调制乳是以不低于80%的生牛(羊)乳或复原乳为主要原料加工制成的液体产品。"调制乳"是该类液态奶产品的分类名称,调制乳生产企业可根据产品特性使用"XX奶"作为产品的等效名称,并按照GB 7718的4.1.2.1条规定,在食品标签的醒目位置标示。

按照GB 7718中4.1.2.2条规定,当调制乳的产品名称使用"新创名称""奇特名称""音译名称""牌号名称""地区俚语名称"或"商标名称"时,应在产品名称的同一展示版面标示"调制乳"字样;若产品名称含有易使人误解食品属性的文字或术语(词语)时,标示的"调制乳"字样应在所示名称的同一展示版面邻近部位且使用同一字号,使用的字体颜色不应对消费者产生误导。

调制乳产品若使用"XX奶"等反映产品真实属性的名称且不易对消费者产生误解时,无需在同一展示版面邻近部位使用同一字号标示"调制乳"字样。

1.2.13 预包装食品配料表中味精(谷氨酸钠)如何标示

根据GB 7718中4.1.3.1条款规定,预包装食品的标签上应标示配料表,配料表中的各种配料应按4.1.2的要求标示具体名称,食品添加剂按照4.1.3.1.4的要求标示名称。味精(谷氨酸钠)既可作为调味品又可作为食品添加剂,当作为调味品使用时,应当属于食品配料,按照4.1.2规定标示为味精;当作为食品添加剂使用时,应当按照4.1.3.1.4规定标示为谷氨酸钠。

1.3 示例分析

1.3.1 水在配料表中的标示

在食品制造或加工过程中,加入的水应在配料表中标示。如图1-1为某饮料的标签,使用水作为配料,需要在配料表中加以标示。在加工过程中已经挥发的水或其他挥发性配料则不需要标示,如饼干、挂面等在制作过程中使用了水作为配料,但在烘烤过程中已经挥发,因此不需要在标签的配料表

中标示，如图1-2所示。

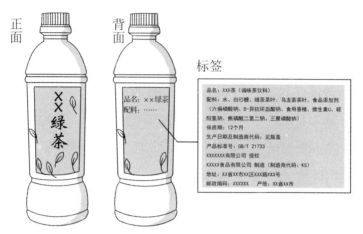

图1-1　饮料标签配料表示意图

图1-2　饼干标签配料表示意图

1.3.2　真实属性名称的标示

例1　根据GB 7718的规定，标示"新创名称""奇特名称""音译名称""牌号名称""地区俚语名称"或"商标名称"时，应在所示名称的同一展示版面标示反映食品真实属性的专用名称。如图1-3所示,其在商标名称的同一展示版面中,明确标示出了"原味豆奶",清晰地反映了该产品的真实属性。

图1-3 食品真实属性名称标示示意图

例2 根据GB 7718的规定,预包装食品应在食品标签的醒目位置,清晰地标示反应食品真实属性的专用名称。如某饼干在生产过程中没有使用草莓作为配料,仅是添加了草莓味食用香精,因此该产品不能命名为"草莓饼干",只能命名为"草莓味XXX饼干"。相反,若某冰激凌产品配料中使用了草莓,则可以命名为"草莓冰激凌"。

1.3.3 "无蔗糖"食品的标示

GB 7718中规定,当强调预包装食品的某种配料或成分"含量较低或无"时,也需要进行定量标示。如某产品在标签上标示"无蔗糖",强调了蔗糖的含量,此时需要标示出蔗糖在该产品中的含量,若未标示出蔗糖含量则不符合GB 7718定量标示的规定。

1.3.4 葡萄酒中"二氧化硫"的标示

根据GB 7718和《食品安全国家标准 发酵酒及其配制酒》(GB 2758-2012)及其实施时间的规定,允许使用了食品添加剂二氧化硫的葡萄酒在2013年8月1日前在标签中标示为二氧化硫或微量二氧化硫;2013年8月1日以后生产、进口的使用食品添加剂二氧化硫的葡萄酒,应当标示为二氧化硫,或者标示为微量二氧化硫并标注其含量。

第2章

《食品安全国家标准 预包装食品营养标签通则》
（GB 28050-2011）

2.1 实施要点

2.1.1 GB 28050 与 GB 7718 的关系

GB 7718 对预包装食品标签的通用要求进行了规定，如食品名称、配料表、净含量和规格、生产者和（或）经营者的名称、地址和联系方式、生产日期和保质期、贮存条件、食品生产许可证编号、产品标准代号等。预包装食品的标签必须符合该标准的有关要求。

营养标签是指预包装食品标签上向消费者提供食品营养信息和特性的说明，包括营养成分表、营养声称和营养成分功能声称，其标示需遵循GB 28050的相关规定。需要说明的是，营养标签是食品标签的组成部分，因此GB 7718中的基本要求同样适用于营养标签。

2.1.2 标准的实施原则

本标准在应用实施时应当遵循以下原则：一是食品生产企业应当严格依据法律法规和标准组织生产，符合营养标签标准要求；二是提倡以技术指导和规范执法并重的监督执法方式，对预包装食品营养标签不规范的，应积极指导生产企业，帮助查找原因，采取改进措施；三是推动食品产业健康发展，食品生产企业应当采取措施，将营养标签标准的各项要求与生产技术、经营、管理工作相结合，逐步减少盐、脂肪和糖的用量，提高食品的营养价值，促进产业健康发展。

2.1.3 标准的适用范围

本标准适用于预包装食品营养标签上营养信息的描述和说明，不适用于保健食品及预包装特殊膳食用食品的营养标签标示。

与GB 7718不同的是，GB 7718对于直接提供给消费者的预包装食品和非直接提供给消费者的食品给予了分别规定，而GB 28050只适用于直接提供给消费者的预包装食品。由于营养标签是向消费者提供营养信息和特性的说明，是消费者购买食物时重要的参考依据，因此直接提供给消费者的预包装食品(豁免标示的产品除外)必须遵照本标准进行标示；而非直接提供给消费者的预包装食品主要是提供给下游食品生产者或餐饮业作为其原料、辅料使用，尚需加入其他配料制作成最终产品，因此对于该类食品，其营养标签可以参照本标准标示，也可以按照企业双方约定或合同要求标注或提供有关营养信息。

2.1.4 豁免标示营养标签的情形

参考国际上实施营养标签制度的做法，本标准中规定了可以豁免标示营养标签的部分食品范围，共包括以下七种情形。

(1)生鲜食品，是指预先定量包装的、未经烹煮、未添加其他配料的生肉、生鱼、生蔬菜和水果等，如袋装鲜(或冻)虾、肉、鱼或鱼块、肉块、肉馅等。此外，未添加其他配料的干制品类，如干蘑菇、木耳、干水果、干蔬菜等，以及生鲜蛋类等，也属于本标准中生鲜食品的范围。但是，预包装速冻面米制品和冷冻调理食品不属于豁免范围，如速冻饺子、包子、汤圆、虾丸等。

(2)乙醇含量≥0.5%的饮料酒类，主要包括发酵酒及其配制酒、蒸馏酒及其配制酒以及其他酒类(如料酒等)。上述酒类产品除水分和酒精外，基本不含任何营养素，可不标示营养标签。

（3）包装总表面积≤100cm²或最大表面面积≤20cm²的预包装食品，由于包装面积小，可能无法显著标示营养标签的信息，因此可豁免强制标示营养标签。包装总表面积计算可在包装未放置产品时平铺测定，但应除去封边及不能印刷文字部分所占尺寸。包装最大表面面积的计算方法同GB 7718附录A。

（4）现制现售食品，主要是指现场制作、销售并可即时食用的食品。但是，食品加工企业集中生产加工、配送到商场、超市、连锁店、零售店等销售的预包装食品，应当按标准规定标示营养标签。

（5）包装饮用水，是指饮用天然矿泉水、饮用纯净水和其他饮用水等，这类产品主要提供水分，基本不提供营养素，因此豁免强制标示营养标签。对饮用天然矿泉水，依据相关标准标注产品的特征性指标，如偏硅酸、碘化物、硒、溶解性总固体含量以及主要阳离子（K^+、Na^+、Ca^{2+}、Mg^{2+}）含量范围等，不作为营养信息。

（6）每日食用量≤10g或10ml的预包装食品，是指食用量少、对机体营养素的摄入贡献较小，或者单一成分调味品的食品，具体包括以下情况。

①调味品：味精、食醋等。

②甜味料：食糖、淀粉糖、花粉、餐桌甜味料、调味糖浆等。

③香辛料：花椒、大料、辣椒等单一原料香辛料和五香粉、咖喱粉等多种香辛料混合物。

④可食用比例较小的食品：茶叶（包括袋泡茶）、胶基糖果、咖啡豆、研磨咖啡粉等。

⑤其他：酵母、食用淀粉等。

但是，对于单项营养素含量较高、对营养素日摄入量影响较大的食品，如腐乳类、酱腌菜（咸菜）、酱油、酱类（黄酱、肉酱、辣酱、豆瓣酱等）以及复合调味料等，应当标示营养标签。

（7）其他法律法规标准规定可以不标示营养标签的预包装食品。

特别强调

豁免标示营养标签不意味着企业可以在产品上随便描述营养信息而不受任何限制，如果属于豁免范围的产品，出现了以下情形，则应当按照本标准的要求，强制标注营养标签。

- 企业自愿选择标识营养成分或相关内容的。
- 标签中有任何营养信息（如"蛋白质≥3.3%"等）的。如果相关产品标准中允许使用的工艺、分类等内容的描述，不应当作为营养信息，如"脱盐乳清粉"等。
- 使用了营养强化剂、氢化和（或）部分氢化植物油的。
- 标签中有营养声称或营养成分功能声称的，如企业声称"高钙""不含胆固醇"等。

2.1.5 强制标示内容

本标准中规定，强制标示的内容包括四个方面，其中第一条是最基本的要求，而后面三条则是在一定情况下需要强制标示的情况，属于"条件性"强制条款。

（1）标示能量、核心营养素的含量值及其占营养素参考值（NRV）的百分比。这是本标准的重要内容，也是整个标准的核心，其中核心营养素是指蛋白质、脂肪、碳水化合物、钠四种营养素。能量和上述4个核心营养素是营养标签上强制标示的成分，即通常所说的"1+4"。

在任何预包装食品的营养标签上（豁免产品除外），都必须标示。此外，为了既能允许企业在基本要求的基础上自愿标示其他的营养成分，又能突出能量和核心营养素的强制性要求，标准中还规定当标示其他成分时，应采取适当形式使能量和核心营养素的标示更加醒目。

（2）对除能量和核心营养素外的其他营养成分进行营养声称或营养成分

功能声称时，在营养成分表中还应标示出该营养成分的含量及其占营养素参考值（NRV）的百分比。本条款是营养标签标准中"条件性强制"内容的第一个方面，是针对"声称"而言的，简言之则是"欲声称、先标示"。如在某些产品标签中，企业欲对"1+4"之外的营养素进行声称，如声称"高钙""无胆固醇"等，则必须在营养成分表中将相应的营养成分按照本标准要求标示出来，且其含量必须满足本标准附录C中营养声称的条件和要求。

（3）使用了营养强化剂的预包装食品，除4.1的要求外，在营养成分表中还应标示强化后食品中该营养成分的含量值及其占营养素参考值（NRV）的百分比。本条款是"条件性强制"内容的第二个方面，主要是针对强化食品而言的，充分体现了我国强化标准和营养标签标准的有效衔接，简言之则是"如强化、须标出"。

企业如果按照《食品安全国家标准　食品营养强化剂使用标准》（GB 14880-2012）和（或）有关公告的要求使用了营养强化剂，则除了强制标示的"1+4"以外，还必须标示出强化以后该营养成分的实际含量。

（4）食品配料含有或生产过程中使用了氢化和（或）部分氢化油脂时，在营养成分表中还应标示出反式脂肪（酸）的含量。本条款是"条件性强制"内容的第三个方面，对反式脂肪酸进行了规定，即如果产品的配料含有或生产过程中使用了氢化油或部分氢化油，则必须强制标示出反式脂肪酸的含量，如果产品中没有使用，则可以选择性标示而无需强制，简言之即"用氢化、标反式"。

2.1.6　营养成分含量的标示

企业可以通过原料计算或产品检测结果，结合产品营养成分情况，考虑该成分的允许误差来确定标签标示的数值。判定营养标签标示数值的准确性时，应以企业确定标签数值的方法（计算法或检测法）作为依据。

判定时，除需考虑标准中规定的能量和营养成分含量的允许误差范围外，还应注意营养标签上的标示值首先要求"真实、客观"，这是在标准基本要求中的规定。企业应该在真实客观的基础上，综合考虑可能影响到产品营养成分波动的各项因素来确定标签值，而不能为了迁就允许误差，"编造"或者"改造"数值。如标准中规定脂肪等的实测值应≤120%标示值，但是没有下限，某产品中脂肪含量在2g/100g左右波动，为确保其含量范围在标示值的允许误差内，某企业标示为5g/100g，这样做就违背了标准"真实、客观"的基本要求。

此外，不能以营养标签的标示值及允许误差直接判定产品是否合格。如果相应产品的标准中对营养素含量有要求，应同时符合产品标准的要求和营养标签标准规定的允许误差范围。如《食品安全国家标准 灭菌乳》（GB 25190-2010）中规定牛乳中蛋白质含量应≥2.9g/100g，若该产品营养标签上蛋白质标示值为3.0g/100g，判定产品是否符合国家标准要求应主要取决于其蛋白质实际含量是否≥2.9g/100g。

2.1.7 营养成分表的格式

营养成分表应以一个"方框表"的形式表示（特殊情况除外），方框可为任意尺寸，并与包装的基线垂直。营养成分表包括5个基本要素：表头（即"营养成分表"）、营养成分名称、含量（包括数值和表达单位）、NRV%、方框（即采用表格或相应形式）。标准表1中列出了营养成分表中强制标示和可选择性标示的营养成分的名称和顺序、表达单位、修约间隔、"0"界限值等内容，进行营养成分表的标示时，应该符合表1的规定。

此外，为了规范食品营养标签标示，便于消费者记忆和比较，本标准附录B中推荐了6种基本格式供参考。在保证符合基本格式要求和确保不对消费者造成误导的基础上，企业在版面设计时可进行适当调整，包括但不限于：因美观要求或为便于消费者观察而调整文字格式（左对齐、居中等）、背景和表格颜色或适当增加内框线等。

2.1.8 可选择性标示的内容

标准中规定的可选择性标示的内容共三部分，一是除强制标示内容外，营养成分表中可选择标示表1中的其他成分；二是营养声称，即对某营养成分进行含量声称或比较声称，进行声称时应确保其含量标示值符合标准中附录C的相应要求；三是营养成分功能声称，即选择标准附录D中的一条或多条营养成分功能声称标准用语对某营养成分进行声称，进行声称时同样应确保其含量标示值符合含量声称或比较声称的要求和条件，且要注意不应对功能声称用语进行任何形式的删改、添加和合并。

2.1.9 "份"的标示

食品企业可选择以每100克（g）、每100毫升（ml）、每份来标示营养成分表，目的是准确表达产品营养信息。

"份"是企业根据产品特点或推荐量而设定的，每包、每袋、每支、每罐等均可作为1份，也可将1个包装分成多份，但应注明每份的具体含量（g、ml）。标准中未明确规定每份食品的量的具体标注位置和标示方式，企业可根据产品包装特点自行选择，以保证消费者正确理解为宜，建议标示在营养标签的临近位置。

用"份"为计量单位时，营养成分含量数值"0"界限值应符合每100g或每100ml的"0"界限值规定。例如：某食品每份（20g）中含蛋白质0.4g，100g该食品中蛋白质含量为2.0g，标准中蛋白质"0"界限值为0.5g/100g或100ml，因此在产品营养成分表中蛋白质含量应标示为0.4g，而不能为0。

2.1.10 预包装食品营养强化剂的标示

按照标准规定，使用了营养强化剂的预包装食品，除标示1+4外，还应标示强化后食品中该营养素的含量及其占营养素参考值（NRV）的百分比。GB 14880中规定了营养强化剂的使用量，指的是在生产过程中允许的实际添加量，而营养标签中则应标示出食品中的最终实际含量，鉴于不同食品原料本底所含的各种营养素含量差异性较大，而且不同营养素在产品生产和货架期的衰减和损失也不尽相同，这二者会存在一定差异。

如某企业生产的调制乳，按照GB 14880要求，可以在产品中强化钙，强化量是250~1000mg/kg，企业在实际生产中强化了600mg/kg（60mg/100g），由于乳类本身钙含量较高，强化后通过计算或者检测后的实际含量为135mg/100g，则企业必须如实标示出钙在终产品中的具体含量值。

使用了营养强化剂的预包装食品，其营养成分的标示（包括名称、顺序、表达单位、修约间隔等）应按照GB 28050中表1的要求执行。对于表1中没有列出但我国GB 14880中允许强化的营养物质，其标示顺序应按照GB 28050的规定位于表1所列营养素之后。同样，使用了营养强化剂的预包装食品，其营养素的声称（包括营养声称和营养成分功能声称）也应符合GB 28050的要求。

但是，对于部分既属于营养强化剂又属于食品添加剂的物质，如核黄素、维生素C、维生素E、柠檬酸钾、β-胡萝卜素、碳酸钙等，如果以营养强化为目的，则应该按照GB 28050的要求标示其在终产品中的含量，如果仅作为食品添加剂使用，则应符合GB 2760的要求，其在终产品中的含量也不强制要求标示。

2.2 常见问题释疑

2.2.1 重复使用的玻璃瓶饮料产品如何标示营养标签

玻璃瓶包装产品因重复使用，无法在瓶身上印刷信息，而瓶盖由于面积过小，无法标示完整的营养信息。建议这类产品，可根据产品的外观、工艺等不同，选用以下方式标注营养标签：在外包装箱标示营养标签、包装箱内提供营养标签、挂吊牌或瓶身加贴营养标签等，以便向消费者提供营养信息。

2.2.2 营养成分表中NRV%列是否可以只标数值，省略"%"

本标准附录B中给出的6种格式，为企业在标注营养标签时的基本格式。企业在版面设计时可进行适当调整，其目的是为了直观，方便消费者查看。

关于营养成分表中NRV%列标示的内容，可标示X%，也可在表头已经标示NRV%的情况下，表内仅标示数值如X，以不影响消费者的理解为宜。

2.2.3 糖醇的能量折算系数应按照多少进行计算

糖醇是指酮基或醛基被置换成羟基的糖类衍生物的总称，属于碳水化合物的一种。我国相关国家标准中尚未规定糖醇的能量系数。鉴于目前糖醇在各类食品中广泛应用，为科学计算能量，建议参照欧盟的相关规定，赤藓糖醇能量系数为0kJ/g，其他糖醇的能量系数为10kJ/g。

2.2.4 营养成分表中NRV%的修约间隔是否必须为1

预包装食品的营养标签应当按照GB 28050执行。该标准附录A.2中规定，营养成分含量占食品标签营养素参考值的百分数（NRV%）的修约间隔为1。

2.2.5 当产品中脂肪或蛋白质的实际含量小于"0"界限值时，营养成分表中应标示"0"还是"0.0"

GB 28050及国家卫生计生委官方问答（修订版）的要求，"0"界限值是指当能量或某一营养成分含量小于该界限值时，基本不具有实际营养意义，而在检测数据的准确性上有较大风险，因此应标示为"0"。企业标注"0"或"0.0"等方式均不会影响消费者的正确理解。但为直观和统一起见，建议以"0"标示为佳。

2.2.6 营养成分表中能量英文的表达单位是否可以标示为"kJ"

GB 28050的表1中列举了能量和各种营养成分的名称、表达单位、修约间隔等要求，是为了指导企业合理标注营养信息，避免造成消费者误解。企业在制作营养标签时，应使用规范的营养成分的名称、表达单位，在不影响消费者正确理解的基础上，可根据版面设计、美观等要求对字体进行适当调整，但不应对消费者造成误导。

2.2.7 声称"零反式脂肪酸"就不能检测出任何反式脂肪酸吗

GB 28050附录C中规定了预包装食品中能量和营养成分含量声称的要求和条件以及含量声称的同义语。依据标准表C.1规定，当食品中反式脂肪酸含量≤0.3g/100g（固体）或100ml（液体）时，就可以声称"不含"反式脂肪酸或"无"反式脂肪酸。低于这个量时不会对健康造成任何影响且检测数据误差较大，因此并不是声称了"零"就不能检出任何含量的反式脂肪酸。

为了标签表达的灵活性和多样性，标准表C.2中规定了当食品中营养成分含量符合"不含""无"的声称条件时，还可以使用"零（0）""没有""100%不含""0%"等同义语。这些也同样是要求反式脂肪酸含量≤0.3g/100g（固体）或100ml（液体）。

2.2.8 营养标签上的数值是否必须经检测获得

GB 28050条款3.4中规定食品营养成分含量的数值可以通过原料计算或产品检测获得。无论采用任何一种方法，食品生产企业应当确保其产品营养标签上标示的营养信息真实、客观，以保护消费者的知情权。当判定产品营养标签标示数值的准确性时，应以企业确定标签数值的方法作为依据。

2.2.9 使用强化面粉制作的面包，在其营养成分表中是否需要标示出面粉中强化的营养成分

强化面粉属于面包的原料，如果面包生产过程中并未按照GB 14880的规定进行强化，则不强制要求在营养成分表中标示由配料面粉中带入的营养成分的含量，企业可自愿标示。

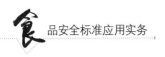

2.2.10 营养成分表中英文，如energy，对其字母大小写有要求吗

GB 28050附录B中列举了6种营养标签基本格式。在保证符合基本格式要求和确保不对消费者造成误导的基础上，企业在版面设计时可对文字格式、字体、背景和表格颜色等方面进行适当调整。营养成分表中的英文无论大小写均符合标准要求，也不会影响消费者理解，但企业应确保英文拼写正确。

2.2.11 碳水化合物含量为"0"时，就可以声称"无糖"吗

GB 28050附录C中规定了预包装食品中能量和营养成分含量声称的要求和条件，其中当碳水化合物（糖）的含量≤0.5g/100g（固体）或100ml（液体）时，即可进行"无糖"的声称。

糖是碳水化合物的一种，当碳水化合物的含量为"0"时，糖含量必然为"0"。产品营养成分表中碳水化合物标示为"0"时，符合"无糖"声称的条件，企业可进行相应的声称，其营养成分表中无需强制单独标示糖的含量。若碳水化合物含量不为"0"而糖含量为"0"时，也可进行无糖声称，此时则需要单独标示糖的含量。

2.2.12 乳品中乳糖含量≤0.5g/100g（ml）时，必须声称"无乳糖"吗

GB 28050附录C中规定，乳品中乳糖含量≤2g/100g（ml）时可进行"低乳糖"声称，乳糖含量≤0.5g/100g（ml）时可进行"无乳糖"声称。根据上述声称的含量要求，若产品中乳糖含量≤0.5g/100g（ml）时，企业依据产品特点和设计理念声称"低乳糖"或"无乳糖"，均符合要求。

2.2.13 调制乳粉中，α-亚麻酸、亚油酸可否在营养成分表中标示

GB 28050规定，营养成分表应以一个"方框表"的形式表示，可在营养成分表中标示的内容包括标准表1中所列的营养成分、GB 14880和国家卫生计生委公告中允许强化的除表1外的其他营养成分。不属于上述内容的，不应

标示在营养成分表中。因此 α-亚麻酸、亚油酸不应在营养成分表中标示。

2.2.14 瓶型或罐型的预包装食品，包装总表面积应如何计算

根据GB 28050规定，包装的总面积小于100cm²的食品，营养成分标示允许使用非表格的形式，并可省略营养素参考值（NRV）的标示。同时在国家卫生计生委官方网站上发布的相应标准问答（修订版）中规定包装总表面积计算应除去封边及不能印刷文字部分所占尺寸。鉴于瓶型或罐型包装其肩部、颈部、顶部和底部的凸缘部分不能印刷文字，故计算总表面积时不包括在内。

2.3 示例分析

2.3.1 基本格式错误

图2-1所示的是一个干枣产品的营养成分表，可以看出其基本格式就不正确，主要有三项错误：一是表头应为"营养成分表"，而不能标示为"成分含量表"；二是表格中的首行标示错误，应为"项目""每100g"或"每份""营养素参考值%"；三是缺少"营养素参考值%"一列。

成分含量表

营养成分	计量单位	数值
能量	kJ	1180
蛋白质	g	2.7
脂肪	g	0
碳水化合物	g	66.8
钠	mg	12

图2-1 营养成分表错误标示示例1

2.3.2 核心营养素标示不全

标准中规定，能量及4个核心营养素（蛋白质、脂肪、碳酸化合物和钠）

为强制标示内容。图2-2所示的营养成分表中未标示钠的含量及其占NRV的百分比，因此标示错误。

营养成分表

项目	每100g	NRV%
能量	1792kJ	21%
蛋白质	33.1g	55%
脂肪	15.9g	27%
碳水化合物	37.3g	12%

图2-2　营养成分表错误标示示例2

2.3.3　未标示强化后的营养成分含量

图2-3所示的是一款饮料的营养成分表，该饮料中的配料表如下：水，白砂糖，浓缩石榴汁，浓缩梨汁，乳酸钙，食品添加剂（柠檬酸、焦糖色、胭脂虫红），食用香料，牛磺酸，维生素C，肌醇，葡萄糖酸锌，维生素E，烟酰胺，维生素B_6，维生素D。

营养成分表

项目	每100毫升	营养素参考值%
能量	165千焦	2%
蛋白质	0克	0%
脂肪	0克	0%
碳水化合物	9.3克	3%
钠	0毫克	0%

注：本产品添加牛磺酸38毫克/100毫升，肌醇6.0毫克/100毫升

图2-3　营养成分表错误标示示例3

由配料表中可以看出，该饮料中使用了营养强化剂维生素B_6、维生素C、维生素D、维生素E、烟酰胺和葡萄糖酸锌等，但并没有按照标准规定，在营养成分表中标示出强化后食品中这些营养成分的含量及其占营养素参考值（NRV）的百分比，因此是错误的。

此外，该饮料中还添加了营养强化剂牛磺酸和肌醇，同样应在营养成分表中标示出强化后牛磺酸和肌醇的含量，而不是标示其添加量。

2.3.4 未标示反式脂肪酸及声称的营养成分含量

图2-4所示是一款"高钙"饼干的营养成分表，配料表如下：小麦粉，氢化植物油，葡萄糖粉，全脂乳粉，乳清粉，玉米淀粉，食用盐，鲜酵母（1%），食品添加剂（碳酸氢钠、碳酸氢铵、大豆磷脂、食用香精、β–胡萝卜素），碳酸钙，香葱片。

营养成分表

项目	每100g	NRV%
能量	2125kJ	25%
蛋白质	7.5g	13%
脂肪	24.4g	41%
碳水化合物	64.4g	21%
钠	500mg	25%

图2-4 营养成分表错误标示示例4

该营养成分表标示主要有两处错误，一是产品配料中使用了氢化植物油，但未在营养成分表中标示反式脂肪酸的含量；二是该款产品声称"高钙"，但未标示出钙的含量及其NRV%。

2.3.5 名称标示及排列顺序错误

图2-5所示同样是一款饼干的营养成分表，在标示中文的同时还标示了英文。但是其能量和营养成分的名称和排列顺序出现错误：一是按照标准中表1的成分名称要求，本例中热量应标示为能量；二是标注能量和核心营养素之外的其他营养成分时，应采取适当形式使"1+4"更加醒目，但本例中未加以区分；三是可以自愿标示能量及核心营养素之外的营养成分，但要按照标准中表1所列的名称及顺序标示，本例中维生素C应该在钙之前标示。

营养成分表 Nutrition Information

项目 /Items	每100克 /per 100g	营养素参考值 %/NRV%
热量 /Energy	1957千焦（kJ）	23%
蛋白质 /Protein	4.1克（g）	7%
脂肪 /Fat	16.4克（g）	27%
碳水化合物 /Carbohydrate	74.0克（g）	25%
钠 /Sodium	243毫克（mg）	12%
钙 /Calcium	100毫克（mg）	13%
维生素 C/Vitamin C	20.0毫克（mg）	20%

图2-5 营养成分表错误标示示例5

2.3.6 含量标示方式错误

图2-6所示的是一款产品的营养成分表，它的营养成分含量标示方式有误：一是饱和脂肪的含量不应以最大值表示，而是应以标示具体数值；二是钠的含量不应以范围值表示，同样应标示具体数值；三是当某营养成分含量数值小于等于"0界限值"时，其含量应标示为"0"，该例中反式脂肪酸的含量≤0.3g/100g，即小于等于反式脂肪酸的"0界限值"，应该标示为0g，而不能标示0.1g。

营养成分表 Nutrition Information

项目 /Items	每100克（g）/Per 100g	营养素参考值 %/NRV%
能量 /Energy	2036千焦（kJ）	24%
蛋白质 /Protein	5.0克（g）	8%
脂肪 /Fat	20.1克（g）	34%
饱和脂肪 /Saturated fat	<11.0克（g）	55%
反式脂肪 /Trans fat	0.1克（g）	
碳水化合物 /Carbohydrates	71.3克（g）	24%
糖 /Sugars	33.3克（g）	
钠 /Sodium	300–400毫克（mg）	20%

图2-6 营养成分表错误标示示例6

2.3.7 NRV%标示错误

某产品为软糖，按照产品使用习惯，对"每份"中的营养成分含量信息进行说明是允许的。但是以"每份"表达时，NRV%应为"每份"中能量和营养成分的含量标示值除以各成分的NRV值计算得出，而不是以每100g的含量值来计算。故在图2-7的营养成分表中，正确的NRV%分别为能量7%，蛋白质1%，脂肪5%，碳水化合物9%，钠2%。

营养成分表

项目	每份10粒（35克）	NRV%
能量	577千焦	20%
蛋白质	0.6克	3%
脂肪	3.2克	15%
碳水化合物	26.4克	25%
钠	41毫克	6%

图2-7 营养成分表错误标示示例7

2.3.8 单位及修约间隔标示错误

GB 28050表1中规定了能量和营养成分的名称、表达单位和修约间隔等内容，按照标准中规定，脂肪、碳水化合物和糖的修约间隔应为0.1，胆固醇的表达单位应为mg，图2-8的营养成分表中标示错误。

GB 28050中还规定营养素参考值%的修约间应为1，因此图2-8中能量、蛋白质和钠的营养素参考值%正确标示应为7%、2%和28%。此外，饱和脂肪的NRV值为≤20g，计算NRV%时按照2.0÷20计算，应为10%，而不是13%。

营养成分表 Nutrition Information

每份含量 40g　每袋内含份数 5.25

项目/Items	每份/Per Serving	营养素参考值 %/NRV%
能量/Energy	562kJ	6.7%
蛋白质/Protein	1.0g	1.7%
脂肪/Fat	12g	20%
饱和脂肪/Saturated Fat	2.0g	13%
胆固醇/Cholesterol	0g	
碳水化合物/Carbohydrate	6g	2%
糖/Sugar	3g	
膳食纤维/Dietary Fiber	1.3g	5%
钠/Sodium	550mg	27.5%

图2-8　营养成分表错误标示示例8

2.3.9　营养成分含量声称不符合相应要求

图2-9所示的是一款饮料的营养成分表，该饮料声称"富含多种维生素"。按照标准中规定，声称富含多种维生素，应有3种或3种以上维生素达到"富含"的要求，但是该营养成分表中标示的3种维生素，按照每420kJ计算后，NRV%分别为55%、16%和9%，其中仅有维生素B_6和维生素B_{12}的NRV%＞10%NRV，达到"富含"的要求，维生素C仅达到了"含有"的要求，因此不能声称"富含多种维生素"。

营养成分表

营养声称仅以每420kJ计

项目	每100ml	NRV%
能量	88kJ	1%
蛋白质	0g	0%
脂肪	0g	0%
碳水化合物	4.8g	2%
钠	0mg	0%
维生素 B_6	0.16mg	11%
维生素 B_{12}	0.08μg	3%
维生素 C	1.8mg	2%

图2-9　营养成分表错误标示示例8

2.3.10 营养成分功能声称不规范

图2-10所示的是一款水饺的营养标签，标签中对钙和维生素D进行了功能声称。标准中规定，使用营养成分功能声称时，应使用标准中列出的功能声称标准用语，不得进行删改、添加和合并。上述功能声称中"钙可预防骨质疏松"并不是标准中列出的可使用的声称用语，因此不能使用。此外，对维生素D进行了功能声称，应在营养成分表中标示出维生素D的含量及其NRV%，同时维生素D的含量标示值需要符合含量声称或比较声称的要求。

营养成分表

项目 /Items	每100克/ per 100g	营养素参考值%/ NRV%
能量	1033 kJ	12%
蛋白质	8.1 g	14%
脂肪	10.7g	18%
碳水化合物	29.8 g	10%
钠	306 mg	15%
钙	211 mg	26%

功能声称：钙是骨骼和牙齿的主要成分，并维持骨密度。钙可预防骨质疏松。维生素D可促进钙的吸收。维生素D有助于骨骼和牙齿的健康。

图2-10 营养成分表错误标示示例10

第3章

《食品安全国家标准　预包装特殊膳食用食品标签》
（GB 13432–2013）

3.1　实施要点

3.1.1　GB 13432与GB 7718、GB 28050的关系

GB 7718对预包装食品（包括预包装特殊膳食用食品）的标签标示的一般要求进行了规定，预包装食品的标签必须符合该标准的通用要求。GB 13432对预包装特殊膳食用食品标签中具有特殊性的标示要求进行了规定，如营养成分标示、食用方法、适宜人群和贮存条件等方面，因此，预包装特殊膳食用食品标签应在执行GB 7718基础上，还应同时按照GB 13432执行。

GB 28050不适用于预包装特殊膳食用食品的营养标签标示，该类食品的营养标签应符合GB 13432的规定。两个标准对营养成分标示方式、营养声称等的要求均有所不同。对于营养成分功能声称标准用语的使用，GB 13432中要求应选择使用GB 28050附录D中规定的功能声称标准用语。这是因为GB 28050中列出的功能声称用语，参考了各国法规和营养学权威论著，是对营养成分最基本功能的阐述。因此，对于特殊膳食用食品标签，在符合相应声称要求的基础上，若对营养成分进行功能声称，可选择GB 28050中所列内容。

3.1.2　标准的适用范围

本标准在附录A中明确列出了特殊膳食用食品的具体类别，主要包括婴幼儿配方食品（婴儿配方食品、较大婴儿和幼儿配方食品、特殊医学用途婴儿配方食品）、婴幼儿辅助食品（婴幼儿谷类辅助食品、婴幼儿罐装辅助食品）、特殊医学用途配方食品（特殊医学用途婴儿配方食品涉及的品种除外）以及其他特殊膳食用食品（辅食营养补充品、运动营养食品，以及其他具有相应国家标准的特殊膳食用食品）。这些食品类别的标签应符合GB 13432的要求，不在附录A类别范围内的食品不属于特殊膳食用食品，其标签应符合GB 7718和GB 28050的相关要求。

3.1.3　营养成分的标示内容

能量和营养成分的含量是特殊膳食用食品与普通食品区别的主要特征，其含量标示是特殊膳食用食品标签上最重要的部分之一。本标准中规定，特殊膳食用食品标签上应标示能量、蛋白质、脂肪、碳水化合物和钠，以及相应产品标准中要求的其他营养成分及其含量，如果产品根据相关法规或标准，添加了可选择性成分或强化了某些物质，则还应标示这些成分及其含量。如上所述，特殊膳食用食品的能量和营养成分的含量应符合相应产品标准的要求，并应在标签上如实标示。

以婴儿配方食品为例，产品标签中除应标示能量、蛋白质、脂肪、碳水化合物和钠的含量外，还应标示《食品安全国家标准　婴儿配方食品》（GB 10765-2010）中规定的必需成分的含量。如果婴儿配方产品依据GB 10765或GB 14880以及卫生计生委和（或）原卫生部有关公告，添加了可选择性成分或强化了某些物质，则还应标示这些成分及其含量。

GB 10765中脚注部分及营养素比值的要求（如亚油酸与α-亚麻酸比值、钙磷比值、乳基婴儿配方食品中乳清蛋白含量的比例、脂肪中月桂酸和肉豆蔻酸总量占总脂肪酸的比例、乳糖占碳水化合物总量的比例等）不要求强制标示，企业可以自愿选择是否标示。

GB 13432中未强制标示营养成分含量占营养素参考值的百分比，而是在可选择性标示内容中提出，可标示能量和营养成分占推荐摄入量或适宜摄入

量的质量百分比。此外，GB 13432对能量和营养成分标示的名称、顺序、单位、修约间隔等不作强制要求，企业应在参考相关标准的基础上真实、客观标示。

3.1.4 营养成分的标示方式

标准中要求预包装特殊膳食用食品中能量和营养成分的含量应以每100g（克）和（或）每100ml（毫升）和（或）每份食品可食部中的具体数值来标示。本条款主要是规定特殊膳食用食品营养成分的标示方式。

GB 28050实施以来，普通预包装食品以"数值"的形式标示营养成分含量从理论上和实际上都可以实施，且以数值的方式表达含量更能符合标签真实性的原则，国际上通常也只允许一种方式来表达。因此参考国内外标准，本标准规定能量和营养成分以"具体数值"的形式表达含量，与国际接轨。

3.1.5 营养成分标示值的允许误差

如前文所述，能量和营养成分应以"具体数值"表达含量，此时其允许误差范围就非常重要。

该类产品因其适用人群的特殊性，导致其营养要求严于普通的预包装食品，我国相应的产品标准中规定了该类别产品的营养成分限量值，可以通过产品标准来确保此类产品的安全性。

GB 13432修订过程中，起草组针对该问题开展了调研，最终综合考虑产品的安全性、实际生产情况以及其他国家相关管理措施，保留GB 13432−2004标准中规定的允许误差要求，将能量和营养成分的标示值允许误差范围设定为≥80%，此要求与GB 28050中规定的允许误差范围有所区别，在进行标示值判定时应予以注意。

3.1.6 营养成分的含量声称

标准中规定，能量或营养成分在产品中的含量达到相应产品标准的最小值或允许强化的最低值时，可进行含量声称，含量声称用语包括"含有""提供""来源""含""有"等。

此外，当营养成分在产品标准、GB 14880及相关公告中无最小值要求或无最低强化量要求时，应提供其他国家和（或）国际组织允许对该营养成分在特殊膳食用食品中进行含量声称的依据，并应符合其法规的条件和要求。在部分国家的特殊膳食用食品标签上使用但无明确法规依据的含量声称不作为参考依据。

为指导企业正确标示，便于执法部门监管，以下收集整理了国内外关于特殊膳食用食品的含量声称要求、声称用语（表3-1）。在使用时，要严格遵守其可使用的产品类别的相关要求。

表3-1 允许使用的含量声称

营养物质	含量声称用语	含量要求	可使用的产品类别
二十二碳六烯酸（DHA）	含有	≥总脂肪酸含量的0.2%	婴儿配方食品、特殊医学用途婴儿配方食品
牛磺酸	含有	≥0.8mg/100kJ	婴儿配方食品、特殊医学用途婴儿配方食品
低聚半乳糖 低聚果糖 多聚果糖 棉子糖	含有膳食纤维或单体名称	其单体或混合物的含量 ≥3g/100g（固态或粉状） ≥1.5g/100ml（液态）或 ≥1.5g/420kJ	婴幼儿配方食品、婴幼儿谷类辅助食品

注：上述声称用语同义语有提供、来源、含、有。

3.1.7 营养成分的功能声称

标准中规定，符合含量声称要求的预包装特殊膳食用食品，可对能量和（或）营养成分进行功能声称。功能声称的用语应选择使用GB 28050中规定的功能声称标准用语。而对于GB 28050中没有列出功能声称标准用语的营养成分，应提供其他国家和（或）国际组织允许在特殊膳食用食品中使用的

功能声称用语及依据，并应符合其法规的条件和要求。与含量声称相同，在部分国家的特殊膳食用食品标签上使用但无明确法规依据的功能声称不作为参考依据。

3.2 常见问题释疑

3.2.1 幼儿配方食品的标签上适用年龄标示为"一岁以上"，是否与产品标准中幼儿的定义（12~36月龄的人）相冲突

根据《食品安全国家标准　较大婴儿和幼儿配方食品》（GB 10767-2010）规定，产品标签中应注明产品的适用年龄。对于适用年龄的具体标示方式我国标准中尚无特殊要求，企业应在参考相关法律法规的基础上真实、客观地标示适用年龄。

3.2.2 特殊医学用途配方食品的标签上是否可以对膳食纤维进行含量声称和功能声称

GB 13432附录A中规定了特殊膳食用食品的类别，特殊医学用途配方食品属于其中的一种，其含量声称和功能声称应符合GB 13432中相应规定。《<预包装特殊膳食用食品标签>（GB 13432-2013）问答（修订版）》表1、表2中明确了膳食纤维的含量声称和功能声称的标准用语、含量要求及其相应的产品类别，企业应按照相应规定执行。鉴于《食品安全国家标准　特殊医学用途配方食品通则》（GB 29922-2013）中未规定膳食纤维的最小值，GB 13432问答（修订版）表1和表2中膳食纤维允许声称的食品类别中也不包括特殊医学用途配方食品，因此，特殊医学用途配方食品的标签上不可以对膳食纤维进行含量声称和功能声称。

3.2.3 婴幼儿配方食品中是否可以使用β–胡萝卜素，应如何标示

GB 14880附录C中允许β–胡萝卜素作为维生素A的化合物来源之一在

特殊膳食用食品中使用。婴幼儿配方食品属于特殊膳食用食品范围,因此可以在该类食品中使用 β–胡萝卜素,并且应在配料表中如实标注。但鉴于GB 10765和GB 10767中均明确要求计算和声称维生素A活性时不包括任何类胡萝卜素组分,因此对于使用了 β–胡萝卜素的婴幼儿配方食品,允许在营养成分表中自愿标示 β–胡萝卜素含量。

3.2.4 婴幼儿配方乳粉标签上标注"XXX研究:DHA与婴儿专注力有关"等类似用语,是否属于功能声称

婴幼儿配方食品属于特殊膳食用食品,其标签应符合GB 13432及国家卫生和计生委官方网站上发布的相应问答的规定。标准和官方问答对允许使用的营养成分功能声称条件和用语有着严格要求,企业不得修改或删除。因此问题中提及的"XXX研究:DHA与婴儿专注力有关",不符合功能声称用语的要求。

3.3 示例分析

3.3.1 "特殊膳食用食品"字样的标示

GB 13432附录中明确规定了"特殊膳食用食品"的产品分类,包括了婴儿配方食品、较大婴儿和幼儿配方食品、特殊医学用途配方食品、婴幼儿谷类辅助食品、婴幼儿罐装辅助食品、特殊医学用途配方食品、辅食营养补充品、运动营养食品和孕妇及乳母用营养补充食品。不在上述产品类别内的食品都不属于特殊膳食用食品。因此,根据GB 13432中4.2的规定,这些产品不应在产品名称中使用"特殊膳食用食品"或相应的描述产品特征性的名称。

图3-1所示产品为一种即食谷物粉,不属于特殊膳食用食品。但在产品标签中明确的使用了"特殊膳食"的字样,因此不符合标准要求。

图3-1　标示了"特殊膳食"字样的产品

3.3.2　能量和营养成分的标示

标准中规定，特殊膳食用食品标签上应标示能量、蛋白质、脂肪、碳水化合物和钠，以及相应产品标准中要求的其他营养成分及其含量。以图3-2为例，是一款较大婴儿配方乳粉的营养成分表，因此在标签中除能量、蛋白质、脂肪、碳水化合物和钠外，还标示了GB 10767中要求的所有必需成分。此外，该产品还添加了可选择成分二十二碳六烯酸、二十碳四烯酸、锰、硒、胆碱和牛磺酸以及核苷酸，因此还同时在营养成分表中标示出了相应的营养成分的含量。

该营养成分表中除了标示出每100g乳粉和每100ml奶液中的上述营养成分含量外，还按照GB 10767中的要求，增加了以每100kJ计的营养成分含量的标示。

3.3.3　营养声称的标示

GB 13432中规定，能量或营养成分在产品中的含量达到相应产品标准的最小值或允许强化的最低值时，可进行含量声称（0~6月龄婴儿配方食品中的必需成分除外）。如图3-3所示，GB 10765中胆碱、左旋肉碱为可选择性成分，且标准中有最小值要求，因此可在婴儿配方乳粉中对胆碱和左旋肉碱进行含量声称。而图3-4较大婴儿配方乳粉中，对标准中有最小值的必需成分钙、铁、锌及可选择成分胆碱均可进行含量声称。

营养成分表

营养成分	单位	每100克平均含量	每100千焦平均含量	每100毫升奶液（参考值）
能量	千焦	2007	100	281
蛋白质	克	15	0.75	2.1
脂肪	克	20.2	1.01	2.8
亚油酸	克	3.15	0.16	0.4
二十二碳六烯酸	毫克	30	1.5	4.2
二十碳四烯酸	毫克	30	1.5	4.2
碳水化合物	克	59.1	2.94	8.3
钠	毫克	215	10.7	30
钾	毫克	635	31.6	89
氯	毫克	332	16.5	47
钙	毫克	560	28	78
磷	毫克	350	17.4	49
镁	毫克	40	2	5.6
铁	毫克	6.3	0.3	0.9
铜	微克	320	16	45
锌	毫克	4.5	0.22	0.6
碘	微克	60	3	8.4
锰	微克	20	1	2.8
硒	微克	13	0.65	1.8
维生素A	微克 视黄醇当量	480	24	67
维生素D		5.5	0.27	0.8
维生素E	毫克 α-生育酚当量	6.5	0.3	0.9
维生素K$_1$	微克	26	1.3	3.6
维生素C	毫克	80	4	11
维生素B$_1$	微克	480	24	67
维生素B$_2$	微克	800	40	112
烟酸	微克	3600	179	504
维生素B$_6$	微克	420	21	59
叶酸	微克	80	4	11
泛酸	微克	2800	140	392
维生素B$_{12}$	微克	1.1	0.05	0.15
生物素	微克	17.5	0.87	2.5
胆碱	毫克	48.5	2.4	6.8
牛磺酸	毫克	36	1.8	5
核苷酸	毫克	20	1	2.8

图3-2 较大婴儿配方乳粉营养成分表示例

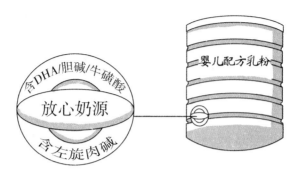

图3-3　婴儿配方乳粉

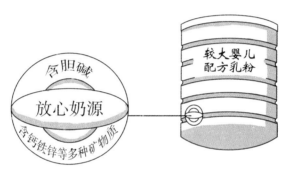

图3-4　较大婴儿配方乳粉

当营养成分在产品标准、GB 14880及相关公告中无最小值要求或无最低强化量要求时，应提供其他国家和（或）国际组织允许对该营养成分在特殊膳食用食品中进行含量声称的依据，并应符合其法规的条件和要求。如DHA，根据前文中总结出的允许进行声称的列表，当其含量≥总脂肪酸含量的0.2%时，可以在婴儿配方食品和特殊医学用途婴儿配方食品中进行"含有"的含量声称；当其含量≥总脂肪酸含量的0.3%时候，可以在较大婴儿配方食品中进行功能声称。因此，必须在满足条件的情况下，且在特定的产品类别中才可以进行相应的声称。如图3-3所示，产品中DHA含量满足了含量≥总脂肪酸含量的0.2%的要求，因此可以在婴儿配方乳粉中进行含量声称，但不可以进行功能声称；而在图3-4较大婴儿配方乳粉中，不能对DHA进行含量声称。

3.3.4 产品标准中对标签标示的要求

特殊膳食用食品的标签除应符合GB 13432的规定之外，还应符合相应产品标准中标签的有关规定。如《食品安全国家标准 特殊医学用途配方食品通则》（GB 29922–2013）的4.1标签条款中要求标示"不适用于非目标人群使用""请在医生或临床营养师指导下使用"以及"本品禁止用于肠外营养支持和静脉注射"等内容。因此，如图3–5所示的某特殊医学用途配方食品的标签，按照标准要求在其包装正面标示出了"请在医生或临床营养师指导下使用"和"本品禁止用于肠外营养支持和静脉注射"的提示，同时在适用人群中标注了"不适用于非目标人群使用"。

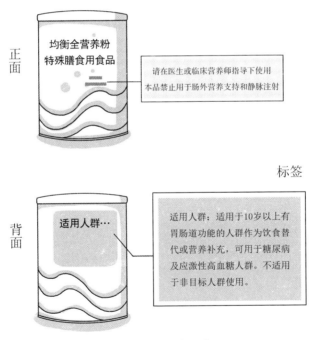

图3–5 特殊膳食用食品

第4章

《食品安全国家标准　食品添加剂使用标准》
（ GB 2760–2014 ）

4.1　实施要点

4.1.1　标准的适用范围

GB 2760是我国现行有效的规范食品添加剂使用的强制性国家标准，标准中规定了食品添加剂的使用原则、允许使用的食品添加剂品种、使用范围及最大使用量。需要强调的是，作为食品安全基础标准，食品产品标准中关于食品添加剂的使用规定应直接引用本标准或与本标准的规定协调一致，不需另行规定。凡是生产、经营和使用食品添加剂的单位、个人都必须执行本标准的规定，无论是预包装食品还是散装食品中食品添加剂的使用都必须符合本标准的规定。

4.1.2　食品添加剂的定义

食品添加剂是指为改善食品品质和色、香、味，以及为防腐、保鲜和加工工艺的需要而加入食品中的人工合成或者天然物质。食品用香料、胶基糖果中基础剂物质、食品工业用加工助剂也包括在内。如果不是在食品生产加工过程中加入而是食品本身天然存在的物质，虽然其名称与食品添加剂名称相同，但不属于食品添加剂的范畴，不适用于本标准。相关行业和企业应对食品中本底情况进行系统分析，有针对性地进行控制。

4.1.3　食品添加剂的使用原则

①不应对人体产生任何健康危害。

②不应掩盖食品腐败变质。

③不应掩盖食品本身或加工过程中的质量缺陷或以掺杂、掺假、伪造为目的而使用食品添加剂。

④不应降低食品本身的营养价值。

⑤在达到预期效果的前提下尽可能降低在食品中的使用量。

4.1.4　食品分类系统

（1）食品分类的原则

①食品分类系统用于界定食品添加剂的使用范围，只适用于本标准。如允许某一食品添加剂应用于某一食品类别时，则允许其应用于该类别下的所有类别食品，另有规定的除外。

例　柠檬黄及其铝色淀应用于食品大类"14.0饮料类"，则允许其应用于该食品大类下的所有亚类，但"14.01包装饮用水"为表A.1除外的，"14.02.02浓缩果蔬汁（浆）"为表A.3所例外的，则"14.01包装饮用水"和"14.02.02浓缩果蔬汁（浆）"不能使用食品添加剂柠檬黄及其铝色淀。

②食品分类系统中使用的产品名称大部分根据国家相应的标准进行表述，无法找到相应标准的类别以市场通用名称表述，同时对该类产品进行了特征性描述（涵盖范围、原料、工艺特点和形态等）。

例　特种葡萄酒解释为"按特殊工艺加工制作的葡萄酒，如在葡萄酒中加入白兰地、浓缩葡萄汁等"。

如遇无法从产品表述名称上确定其食品分类的情况，应根据企业在标签上标识的所执行国家标准中指明的食品分类作为使用依据，不得跨类别使用食品添加剂。

例　某品牌水果牛奶饮料，从技术参数角度看是一种既符合果蔬汁类饮

料定义，又符合含乳饮料定义的产品，但根据其产品标签上的执行标准来看企业将其归入了含乳饮料类别，那么该产品中食品添加剂的使用就应按含乳饮料的要求执行。

（2）食品分类号

①食品分类号的表示方式

本食品分类系统共分为16大类，每一大类下分为若干亚类，依次下分为次亚类、小类及次小类。大类食品为1级，依次下分至5级。

食品分类号以3~10个数字组成，数字之间以"."号相隔，各级别食品的食品分类号表示方式见表4-1。

表4-1　食品分类号表示方式

级别	类别	食品分类号表示方式	举例
1级	大类	××.0	04.0　水果、蔬菜（包括块根类）、豆类、食用菌、藻类、坚果以及籽类等
2级	亚类	××.××	04.01　水果
3级	次亚类	××.××.××	04.01.02　加工水果
4级	小类	××.××.××.××	04.01.02.08　蜜饯凉果
5级	次小类	××.××.××.××.××	04.01.02.08.01　蜜饯类

②各大类食品的名称及分类号

本食品分类系统包含的16大类食品名称及分类号见表4-2。

表4-2　16大类食品名称及分类号

序号	食品分类号	食品名称
1	01.0	乳及乳制品（13.0特殊膳食用食品涉及品种除外）
2	02.0	脂肪、油和乳化脂肪制品
3	03.0	冷冻饮品
4	04.0	水果、蔬菜（包括块根类）、豆类、食用菌、藻类、坚果以及籽类等
5	05.0	可可制品、巧克力和巧克力制品（包括代可可脂巧克力及制品）以及糖果

续表

序号	食品分类号	食品名称
6	06.0	粮食和粮食制品，包括大米、面粉、杂粮、块根植物、豆类和玉米提取的淀粉等（不包括07.0焙烤食品）
7	07.0	焙烤食品
8	08.0	肉及肉制品
9	09.0	水产及其制品（包括鱼类、甲壳类、贝类、软体类、棘皮类等水产及其加工制品等）
10	10.0	蛋及蛋制品
11	11.0	甜味料，包括蜂蜜
12	12.0	调味品
13	13.0	特殊膳食用食品
14	14.0	饮料类
15	15.0	酒类
16	16.0	其他类（01.0~15.0除外）

（3）食品名称/分类说明

本食品分类系统是针对食品添加剂的使用特点来划分食品类别，并对每个食品类别进行了解释和举例。在使用食品添加剂时，可以根据产品的原料、生产工艺等信息，参考食品类别的说明，将其归入相应的食品类别，按照本标准的规定使用食品添加剂。对于无法归类的食品或食品原料，可以暂时归入其他类，见表4-3。

表4-3 16大类食品分类号、食品类别/名称及说明

①乳及乳制品（13.0特殊膳食用食品涉及品种除外）

食品分类号	食品类别/名称	说明
01.0	乳及乳制品（13.0特殊膳食用食品涉及品种除外）	包括巴氏杀菌乳、灭菌乳和调制乳，发酵乳和风味发酵乳，乳粉（包括加糖乳粉）和奶油粉及其调制产品，炼乳及其调制产品，稀奶油（淡奶油）及其类似品，干酪和再制干酪及其类似品，以乳为主要配料的即食风味食品或其预制产品（不包括冰淇淋和风味发酵乳）及其他乳制品，13.0特殊膳食用食品涉及的品种除外

续表

食品分类号	食品类别/名称	说明
01.01	巴氏杀菌乳、灭菌乳和调制乳	包括巴氏杀菌乳、灭菌乳和调制乳
01.01.01	巴氏杀菌乳	仅以生牛（羊）乳为原料，经巴氏杀菌等工序制得的液体产品
01.01.02	灭菌乳	灭菌乳包括超高温灭菌乳和保持灭菌乳 超高温灭菌乳：以生牛（羊）乳为原料，添加或不添加复原乳，在连续流动的状态下，加热到至少132℃并保持很短时间的灭菌，再经无菌灌装等工序制成的液体产品 保持灭菌乳：以生牛（羊）乳为原料，添加或不添加复原乳，无论是否经过预热处理，在灌装并密封之后经灭菌等工序制成的液体产品
01.01.03	调制乳	以不低于80%的生牛（羊）乳或复原乳为主要原料，添加其他原料或食品添加剂或营养强化剂，采用适当的杀菌或灭菌等工艺制成的液体产品
01.02	发酵乳和风味发酵乳	包括发酵乳和风味发酵乳
01.02.01	发酵乳	包括发酵乳和酸乳 发酵乳：以生牛（羊）乳或乳粉为原料，经杀菌、发酵后制成的pH降低的产品 酸乳：以生生牛（羊）乳或乳粉为原料，经杀菌、接种嗜热链球菌和保加利亚乳杆菌（德氏乳杆菌保加利亚亚种）发酵制成的产品
01.02.02	风味发酵乳	包括风味发酵乳和风味酸乳 风味发酵乳：以80%以上生牛（羊）乳或乳粉为原料，添加其他原料，经杀菌、发酵后pH降低，发酵前后添加或不添加食品添加剂、营养强化剂、果蔬、谷物等制成的产品 风味酸乳：以80%以上生牛（羊）乳或乳粉为原料，添加其他原料，经杀菌、接种嗜热链球菌和保加利亚乳杆菌（德氏乳杆菌保加利亚亚种）发酵前或后添加或不添加食品添加剂、营养强化剂、果蔬、谷物等制成的产品

续表

食品分类号	食品类别/名称	说明
01.03	乳粉（包括加糖乳粉）和奶油粉及其调制产品	包括乳粉（包括加糖乳粉）和奶油粉及其调制产品
01.03.01	乳粉和奶油粉	乳粉指以生牛（羊）乳为原料，经加工制成的粉状产品 奶油粉是以稀奶油为主要原料，经浓缩、干燥等工艺制成的粉状产品
01.03.02	调制乳粉和调制奶油粉	调制乳粉：以生牛（羊）乳或及其加工制品为主要原料，添加其他原料，添加或不添加食品添加剂和营养强化剂，经加工制成的乳固体含量不低于70%的粉状产品。加糖乳粉属于调制乳粉 调制奶油粉：以稀奶油（或奶油粉）为主要原料，添加调味物质等，经浓缩、干燥（或干混）等工艺制成的粉状产品，包括调味奶油粉
01.04	炼乳及其调制产品	包括淡炼乳和调制炼乳
01.04.01	淡炼乳（原味）	以生乳和（或）乳制品为原料，添加或不添加食品添加剂和营养强化剂，经加工制成的黏稠状产品
01.04.02	调制炼乳（包括加糖炼乳及使用了非乳原料的调制炼乳等）	以生乳和（或）乳制品为原料，添加或不添加食糖、食品添加剂和营养强化剂、辅料，经加工制成的黏稠状产品。包括加糖炼乳、调制甜炼乳及其他使用了非乳原料的调制炼乳等
01.05	稀奶油（淡奶油）及其类似品	包括稀奶油、调制稀奶油和稀奶油类似品
01.05.01	稀奶油	以乳为原料，分离出的含脂肪的部分，添加或不添加其他原料、食品添加剂和营养强化剂，经加工制成的脂肪含量10.0%~80.0%的产品
01.05.02	—	—
01.05.03	调制稀奶油	以乳或乳制品为原料，分离出的含脂肪的部分，添加其他原料、添加或不添加食品添加剂和营养强化剂，经加工制成的脂肪含量10.0%~80.0%的产品
01.05.04	稀奶油类似品	由"植物油–水"乳化物组成的液态或粉状形态的类似于稀奶油的产品

续表

食品分类号	食品类别/名称	说明
01.06	干酪和再制干酪及其类似品	包括非熟化干酪、熟化干酪、乳清干酪、再制干酪、干酪类似品和乳清蛋白干酪
01.06.01	非熟化干酪	非熟化干酪（又叫未成熟干酪），包括新鲜干酪，生产之后可供直接食用。大部分产品是原味的，但是一些产品可能添加调味物质或其他物质（如水果、蔬菜或肉等）
01.06.02	熟化干酪	熟化干酪生产之后不能直接供食用，必须在特定的温度条件下保存一定的时间，使该类干酪发生必需的特征性的生化和物理改变。对于发酵熟化干酪，其熟化过程首先必须有干酪内和（或）干酪表面特殊的霉菌生长 熟化干酪可以是软质、半硬质、硬质或特硬质。成熟干酪、霉菌成熟干酪都属于熟化干酪
01.06.03	乳清干酪	以乳清为原料，添加或不添加乳、稀奶油或其他乳制品，经浓缩、模制等工艺加工成的固体或半固体产品。包括全干酪和干酪皮。不同于乳清蛋白干酪（01.06.06）
01.06.04	再制干酪	以不同比例的干酪、乳脂、乳蛋白、乳粉和水的混合物为原料，添加或不添加调味料、水果、蔬菜和（或）肉类等其他配料，经过加热熔化和乳化等工艺得到的具有很长保质期的产品。产品可用于涂抹或切片
01.06.04.01	普通再制干酪	不添加调味料、水果、蔬菜和（或）肉类的原味熔化干酪
01.06.04.02	调味再制干酪	添加了调味料、水果、蔬菜和（或）肉类的带有风味的熔化干酪产品
01.06.05	干酪类似品	乳脂成分部分或完全被其他脂肪所代替的类似干酪的产品
01.06.06	乳清蛋白干酪	由乳清蛋白凝固制得的，含有从牛奶乳清中提取的蛋白质的干酪产品。不同于乳清干酪（01.06.03）
01.07	以乳为主要配料的即食风味食品或其预制产品（不包括冰淇淋和风味发酵乳）	包括以乳为主要配料制成的可即食的风味甜品和拼盘甜品
01.08	其他乳制品（如乳清粉、酪蛋白粉等）	以上各类（01.01~01.07）未包括的其他乳制品，如乳清粉、牛奶蛋白粉、酪蛋白粉、奶片等乳制品

②脂肪、油和乳化脂肪制品

食品分类号	食品类别/名称	说明
02.0	脂肪、油和乳化脂肪制品	包括基本不含水的脂肪和油，水油状脂肪乳化制品，02.02类以外的脂肪乳化制品，包括混合的和（或）调味的脂肪乳化制品，脂肪类甜品和其他油脂或油脂制品
02.01	基本不含水的脂肪和油	包括植物油脂、动物油脂、无水黄油、无水乳脂
02.01.01	植物油脂	来源于可食用植物油料的食用油脂
02.01.01.01	植物油	包括以植物油料为原料制取的原料油（植物原油）以及以植物油料或植物原油为原料制成的食用植物油脂（食用植物油）
02.01.01.02	氢化植物油	以植物原油或食用植物油为原料，经氢化和精炼处理后制得的食用油脂
02.01.02	动物油脂（包括猪油、牛油、鱼油和其他动物脂肪等）	以动物（猪、牛、鱼等）脂肪加工制成的油脂
02.01.03	无水黄油、无水乳脂	来源于乳或乳制品，经过几乎完全脱去水分及非脂固体而得到的黄油或乳脂产品
02.02	水油状脂肪乳化制品	包括脂肪含量80%以上的乳化制品和脂肪含量80%以下的乳化制品
02.02.01	脂肪含量80%以上的乳化制品	脂肪含量80%以上的乳化脂肪制品
02.02.01.01	黄油和浓缩黄油	来源于乳和（或）乳产品的"油包水"型的脂类制品
02.02.01.02	人造黄油（人造奶油）及其类似制品（如黄油和人造黄油混合品）	以食用脂肪和油为主要原料，加水和其他辅料乳化后，制成的可塑性或流动性的产品。另外还包含黄油与人造黄油（人造奶油）混合物
02.02.02	脂肪含量80%以下的乳化制品	脂肪含量80%以下的乳化脂肪制品
02.03	02.02类以外的脂肪乳化制品，包括混合的（或）调味的脂肪乳化制品	02.02类以外的脂肪乳化制品，包括无水人造奶油（人造酥油、无水酥油）、无水黄油和无水人造奶油混合品、起酥油、液态酥油、代（类）可可脂和植脂奶油等

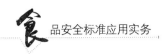

食品分类号	食品类别/名称	说明
02.04	脂肪类甜品	包括与01.07相类似的脂基产品
02.05	其他油脂或油脂制品	以上品种除外的油脂或油脂制品，包括植脂末、代（类）可可脂等

③冷冻饮品

食品分类号	食品类别/名称	说明
03.0	冷冻饮品	包括冰淇淋类、雪糕类、风味冰、冰棍类、食用冰及其他冷冻饮品
03.01	冰淇淋、雪糕类	以饮用水、乳和（或）乳制品、食糖和（或）甜味剂等为主要原料，添加或不添加食用油脂、食品添加剂，经混合、杀菌/灭菌、均质、老化、凝冻、硬化等工艺制成体积膨胀的冷冻饮品
03.02	—	—
03.03	风味冰、冰棍类	风味冰类：以饮用水、食糖和（或）甜味剂等为主要原料，可添加适量食品添加剂，经混合、杀菌/灭菌、灌装、硬化等工艺制成的冷冻饮品。如甜橙味甜味冰、菠萝味甜味冰等 冰棍类、棒冰类：以饮用水、食糖和（或）甜味剂等为主要原料，可添加适量食品添加剂，经混合、杀菌/灭菌、硬化、成型等工艺制成的冷冻饮品
03.04	食用冰	以饮用水为原料，经杀菌/灭菌、注模、冻结、脱模、包装等工艺制成的冷冻饮品
03.05	其他冷冻饮品	除以上四类（03.01~03.04）的其他冷冻饮品

④水果、蔬菜（包括块根类）、豆类、食用菌、藻类、坚果以及籽类等

食品分类号	食品类别/名称	说明
04.0	水果、蔬菜（包括块根类）、豆类、食用菌、藻类、坚果以及籽类等	包括水果、蔬菜（包括块根类）、食用真菌和藻类、豆类制品、坚果及籽类
04.01	水果	包括新鲜水果和加工水果产品
04.01.01	新鲜水果	新鲜水果一般不含添加剂。但是经表面处理、去皮或预切的新鲜水果可能含有添加剂

续表

食品分类号	食品类别/名称	说明
04.01.01.01	未经加工的鲜果	采摘后未经加工的新鲜水果
04.01.01.02	经表面处理的鲜水果	表面有光滑的或蜡样物质，或使用其他食品添加剂处理起表面保护作用的新鲜水果
04.01.01.03	去皮或预切的鲜水果	去皮或预切后的新鲜水果，如水果沙拉中的水果
04.01.02	加工水果	包括除了去皮、预切和表面处理以外的所有其他加工方式处理的水果
04.01.02.01	冷冻水果	冷冻前可将水果焯洗或不焯洗，然后将其在果汁或糖浆中冷冻。如冷冻的水果沙拉或冷冻草莓
04.01.02.02	水果干类	以新鲜水果为原料，经晾晒、干燥等脱水工艺加工制成的干果产品
04.01.02.03	醋、油或盐渍水果	包括的产品如醋、油或盐渍的李子、芒果、酸橙等
04.01.02.04	水果罐头	以水果为原料，经预处理、装罐（包括马口铁罐、玻璃罐、复合薄膜袋或其他包装材料容器）、加糖水、密封、杀菌等工艺制成的产品
04.01.02.05	果酱	以水果为原料，经破碎或打浆、添加糖或其他甜味料、浓缩、装罐、杀菌等工艺制成的酱类产品
04.01.02.06	果泥	以水果为主要原料，经加工制成的泥状产品
04.01.02.07	除04.01.02.05以外的果酱（如印度酸辣酱）	除04.01.02.05以外的其他调味果酱，如印度酸辣酱等
04.01.02.08	蜜饯凉果	以果蔬为原料，通过不同的加工方式制成的产品。包括：蜜饯类、凉果类、果脯类、话化类（甘草制品）、果糕类
04.01.02.08.01	蜜饯类	以水果为主要原料，经糖（蜜）熬煮或浸渍，添加或不添加食品添加剂，或略干燥处理，制成带有湿润糖液面或浸渍在浓糖液中的湿态制品
04.01.02.08.02	凉果类	以果蔬为主要原料，经或不经糖熬煮、浸渍或腌制，添加或不添加食品添加剂等，经不同处理后制成的具有浓郁香味的干态制品

续表

食品分类号	食品类别/名称	说明
04.01.02.08.03	果脯类	以果蔬为原料，经或不经糖熬煮或浸渍，可以加入食品添加剂为辅助原料制成的表面不黏不燥、有透明感、无糖霜析出的干态制品
04.01.02.08.04	话化类	以水果为主要原料，经腌制，添加食品添加剂，加或不加糖和（或）甜味剂，加或不加甘草制成的干态制品
04.01.02.08.05	果糕类	以果蔬为主要原料，经磨碎或打浆，加入糖类和（或）食品添加剂后制成的各种形态的糕状制品，包括果丹（饼）类等
04.01.02.09	装饰性果蔬	用于装饰食品的果蔬制品。如染色樱桃、红绿丝以及水果调味料等
04.01.02.10	水果甜品，包括果味液体甜品	以水果为主要原料，添加糖和（或）甜味剂等其他物质制成的甜品。包括水果块和果浆的甜点凝胶、果味凝胶等。一般为即食产品
04.01.02.11	发酵的水果制品	以水果为原料，加入盐和（或）其他调味料，经微生物发酵制成的制品。如发酵李子
04.01.02.12	煮熟的或油炸的水果	以水果为原料，经蒸、煮、烤或油炸的制品。如烤苹果、油炸苹果圈
04.01.02.13	其他加工水果	以上各类（04.01.02.01~04.01.02.12）未包括的加工水果
04.02	蔬菜	包括新鲜蔬菜和加工蔬菜制品
04.02.01	新鲜蔬菜	包括未经加工的、经表面处理的，以及去皮、切块或切丝的新鲜蔬菜。豆芽菜也包括在新鲜蔬菜内
04.02.01.01	未经加工鲜蔬菜	收获后未经加工的新鲜蔬菜
04.02.01.02	经表面处理的新鲜蔬菜	表面有光滑的或蜡样物质，或使用其他食品添加剂处理起表面保护作用的新鲜蔬菜
04.02.01.03	去皮、切块或切丝的蔬菜	去皮或切块、切丝后的新鲜蔬菜
04.02.01.04	豆芽菜	以大豆、绿豆等为原料，经浸泡发芽后的制品

食品分类号	食品类别/名称	说明
04.02.02	加工蔬菜	包括除去皮、预切和表面处理以外的所有其他加工方式的蔬菜
04.02.02.01	冷冻蔬菜	新鲜蔬菜经焯洗等预处理并冷冻。如速冻玉米、速冻豌豆、速冻的整个加工的番茄
04.02.02.02	干制蔬菜	以新鲜蔬菜为原料，经晾晒、干燥等脱水工艺加工制成的蔬菜干制品。包括干制蔬菜粉
04.02.02.03	腌渍的蔬菜	以新鲜蔬菜为主要原料，经醋、盐、油或酱油等腌渍加工而成的制品
04.02.02.04	蔬菜罐头	以新鲜蔬菜为原料，经预处理、装罐（包括马口铁罐、玻璃罐、复合薄膜袋或其他包装材料容器）、密封、杀菌等工艺制成的产品
04.02.02.05	蔬菜泥（酱），番茄沙司除外	以新鲜蔬菜为原料，经热处理（如蒸气处理）、浓缩等工艺制成的泥状或酱状蔬菜制品
04.02.02.06	发酵蔬菜制品	以新鲜蔬菜为原料，加入盐和（或）其他调味料，经微生物发酵制成的制品
04.02.02.07	经水煮或油炸的蔬菜	以新鲜蔬菜为原料，经水煮或油炸等工艺制成的制品
04.02.02.08	其他加工蔬菜	以上各类（04.02.02.0l~04.02.02.07）未包括的加工蔬菜
04.03	食用菌和藻类	包括新鲜食用菌和藻类以及加工制品
04.03.01	新鲜食用菌和藻类	包括未经加工、经表面处理的，以及去皮、切块或切丝的新鲜食用菌和藻类
04.03.01.01	未经加工鲜食用菌和藻类	收获后未经加工的新鲜食用菌和藻类
04.03.01.02	经表面处理的鲜食用菌和藻类	表面有光滑的或蜡样物质，或使用其他食品添加剂处理起表面保护作用的新鲜食用菌和藻类
04.03.01.03	去皮、切块或切丝的食用菌和藻类	去皮、切块或切丝后的新鲜食用菌和藻类
04.03.02	加工食用菌和藻类	包括除去皮、预切和表面处理以外的所有其他加工方式的食用菌和藻类
04.03.02.01	冷冻食用菌和藻类	新鲜食用菌和藻类经焯洗等预处理并冷冻

食品分类号	食品类别/名称	说明
04.03.02.02	干制食用菌和藻类	以新鲜食用菌和藻类为原料，经晾晒、干燥等脱水工艺加工制成的食用菌和藻类干制品
04.03.02.03	腌渍的食用菌和藻类	以新鲜食用菌和藻类为主要原料，经醋、盐、油或酱油等腌渍工艺加工而成的食用菌和藻类制品
04.03.02.04	食用菌和藻类罐头	以新鲜食用菌和藻类为原料，经预处理、装罐、密封、杀菌等工序加工而成的罐头食品
04.03.02.05	经水煮或油炸的藻类	以新鲜藻类为原料，经水煮或油炸等工艺制成的制品
04.03.02.06	其他加工食用菌和藻类	以上类别（04.03.02.01~04.03.02.05）未包括的加工食用菌和藻类
04.04	豆类制品	包括非发酵豆制品和发酵豆制品
04.04.01	非发酵豆制品	以大豆等为主要原料，不经发酵过程加工制成的豆制品。如豆腐及其再制品、腐竹等
04.04.01.01	豆腐类	以大豆等豆类或豆类饼粕为原料，经选料、浸泡、磨糊、过滤、煮浆、点脑、蹲缸、压榨成型等工序制成的具有较高含水量的制品。包括北豆腐（老豆腐）、南豆腐（嫩豆腐）、内酯豆腐、冻豆腐、豆腐花、调味豆腐、脱水豆腐等
04.04.01.02	豆干类	在豆腐加工过程中，经压制，部分脱水以后，切成一定形状，制成的水分含量较少的豆制品
04.04.01.03	豆干再制品	以豆腐或豆干为基料，经油炸、熏制、卤制等工艺制得的豆制品
04.04.01.03.01	炸制半干豆腐	以豆腐或豆干为基料，经油炸制成的豆制品
04.04.01.03.02	卤制半干豆腐	以豆腐或豆干为基料，经卤制而成的豆制品
04.04.01.03.03	熏制半干豆腐	以豆腐或豆干为基料，经熏制而成的豆制品
04.04.01.03.04	其他半干豆腐	以上各类（04.04.01.03.01~04.04.01.03.03）未包括的豆干再制品

续表

食品分类号	食品类别/名称	说明
04.04.01.04	腐竹类（包括腐竹、油皮等）	豆浆煮沸后，在降温过程中，从豆浆表面挑起的一层薄膜状制品。干燥后，形成的竹枝状物称为腐竹，片状物则称为油皮
04.04.01.05	新型豆制品（大豆蛋白及其膨化食品、大豆素肉等）	经非传统工艺制成的豆制品，如大豆蛋白膨化食品、大豆素肉等
04.04.01.06	熟制豆类	以大豆等为原料，加工制成的豆类熟制品
04.04.02	发酵豆制品	以大豆等为主要原料，经过微生物发酵而成的豆制食品。如腐乳、豆豉、纳豆、霉豆腐等
04.04.02.01	腐乳类	以大豆为原料，经加工磨浆、制坯、培菌、经微生物发酵而成的一种调味、佐餐食品
04.04.02.02	豆豉及其制品（包括纳豆）	以大豆等为主要原料，经蒸煮、制曲、发酵、酿制而成的呈干态或半干态颗粒状的制品
04.04.03	其他豆制品	以上各类（04.04.01~04.04.02）未包括的豆制品
04.05	坚果和籽类	包括新鲜坚果与籽类和加工坚果与籽类，如核桃、山核桃、松子、榛子、白果、杏仁、巴旦木（扁桃核）、腰果、开心果、花生和各类瓜子等
04.05.01	新鲜坚果与籽类	收获后未经加工的具有坚硬硬壳的坚果以及新鲜籽类
04.05.02	加工坚果与籽类	经加工制成的具有坚硬硬壳或经脱壳的坚果以及籽类
04.05.02.01	熟制坚果与籽类	采用烘干、焙烤工艺、翻炒或油炸制成的坚果和籽类，包括油炸、烘炒豆类
04.05.02.01.01	带壳熟制坚果与籽类	具有坚硬外壳的经烘焙/炒制的坚果与籽类
04.05.02.01.02	脱壳熟制坚果与籽类	脱去坚硬外壳后，再烘焙/炒制的坚果与籽类
04.05.02.02	—	—
04.05.02.03	坚果与籽类罐头	以坚果和籽类为原料，经烘焙/炒制加工处理、杀菌、装罐等工序制成的罐头产品

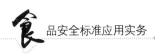

续表

食品分类号	食品类别/名称	说明
04.05.02.04	坚果与籽类的泥（酱），包括花生酱等	以坚果、籽类为主要原料，经筛选、焙炒、去壳脱皮、分选、研磨等工序，加入或不加入辅料而制成的泥（酱）状制品
04.05.02.05	其他加工的坚果与籽类（如腌渍的果仁）	其他加工坚果和籽类，如腌渍的果仁

⑤可可制品、巧克力和巧克力制品（包括代可可脂巧克力及制品）以及糖果

食品分类号	食品类别/名称	说明
05.0	可可制品、巧克力和巧克力制品（包括代可可脂巧克力及制品）以及糖果	包括可可制品、巧克力和巧克力制品、代可可脂巧克力及其制品、各类糖果、糖果和巧克力制品包衣、装饰糖果、顶饰和甜汁
05.1	可可制品、巧克力和巧克力制品，包括代可可脂巧克力及制品	包括可可制品、巧克力及其制品、代可可脂巧克力及其制品
05.01.01	可可制品（包括以可可为主要原料的脂、粉、浆、酱、馅等）	以可可豆为原料，经研磨、压榨等工艺生产出来的可用于进一步生产制造巧克力及其制品的脂、粉、浆、酱、馅。如可可脂、可可液块或可可粉等
05.01.02	巧克力和巧克力制品、除05.01.01以外的可可制品	以可可制品（可可脂、可可液块或可可粉）为主要原料，添加或不添加非可可的植物脂肪（非可可植物脂肪添加量≤5%），经特定工艺制成的食品。以巧克力和其他食品按一定比例加工制成的食品为巧克力制品
05.01.03	代可可脂巧克力及使用可可脂代用品的巧克力类似产品	代可可脂巧克力是以白砂糖和（或）甜味料、代可可脂为主要原料，添加或不添加可可制品（可可脂、可可液块或可可粉）、乳制品及食品添加剂，经特定工艺制成的在常温下保持固体或半固体状态，并具有巧克力风味及性状的食品。该类别还包括了上述说明以外的使用可可脂代用品的类似巧克力的产品

续表

食品分类号	食品类别/名称	说明
05.02	糖果	包括硬质糖果、酥质糖果、焦香糖果、奶糖糖果、压片糖果、凝胶糖果、充气糖果、胶基糖果和其他糖果
05.02.01	胶基糖果	以胶基、白砂糖和（或）甜味剂为主要原料制成的咀嚼型或吹泡型的糖果
05.02.02	除胶基糖果以外的其他糖果	以白砂糖和（或）糖浆和（或）甜味剂等为主要原料，经相关工艺制成的固态、半固态或液态糖果
05.03	糖果和巧克力制品包衣	包裹在糖果、巧克力制品表面，有一定的硬度和强度的致密糖壳
05.04	装饰糖果（如工艺造型，或用于蛋糕装饰）、顶饰（非水果材料）和甜汁	包括用于饼干、面包、糕点及其组合产品中，起装饰作用的可食的糖衣、糖霜等。也包括糖果、焙烤食品等食品中所用的以糖或巧克力为主要成分的涂层，如杏仁奶油糖的巧克力涂层等

⑥粮食和粮食制品，包括大米、面粉、杂粮、块根植物、豆类和玉米提取的淀粉等（不包括07.0类烘烤食品）

食品分类号	食品类别/名称	说明
06.0	粮食和粮食制品，包括大米、面粉、杂粮、块根植物、豆类和玉米提取的淀粉等（不包括07.0类焙烤食品）	包括原粮、大米及其制品（大米、米粉、米糕）、小麦粉及其制品、杂粮粉（包括豆粉）及其制品、淀粉及淀粉类制品、即食谷物［包括碾轧燕麦（片）］、方便米面制品、冷冻米面制品、谷类和淀粉类甜品（如米布丁、木薯布丁）、粮食制品馅料
06.01	原粮	收获后未经任何加工的粮食（包括各种杂粮原粮）
06.02	大米及其制品	大米及以大米为原料制成的各种制品，包括大米、大米制品、米粉和米粉制品等
06.02.01	大米	稻谷经脱壳加工后的成品粮
06.02.02	大米制品	除米粉和米粉制品外，以大米为原料经加工制成的各类产品

食品分类号	食品类别/名称	说明
06.02.03	米粉（包括汤圆粉等）	大米经碾磨而成的粉末状产品
06.02.04	米粉制品	米粉经加工制成的食品，如青团
06.03	小麦粉及其制品	包括小麦粉、小麦粉制品
06.03.01	小麦粉	小麦经碾磨制成的粉状产品
06.03.01.01	通用小麦粉	以小麦为原料，供制作各种面食用的小麦粉
06.03.01.02	专用小麦粉（如自发粉、饺子粉等）	以小麦为原料，供制作馒头、水饺等用的小麦粉
06.03.02	小麦粉制品	以小麦粉为原料，加工制成的各类食品
06.03.02.01	生湿面制品（如面条、饺子皮、馄饨皮、烧麦皮）	小麦粉经和水、揉捏后未进行加热、冷冻、脱水等处理的面制品，如未煮的面条、饺子皮、馄饨皮和烧麦皮等
06.03.02.02	生干面制品	未经加热、蒸、烹调等处理的面制品经过脱水制成的产品，如挂面
06.03.02.03	发酵面制品	经发酵工艺制成的面制品，如包子、馒头、花卷等
06.03.02.04	面糊（如用于鱼和禽肉的拖面糊）、裹粉、煎炸粉	碎屑状或粉末状的小麦粉制品。该类产品可同其他配料（如调味品、水、奶或蛋等）混合，作为水产品、禽肉、畜肉和蔬菜等的表面覆盖物
06.03.02.05	油炸面制品	经油炸工艺制成的面制品，如油条、油饼等
06.04	杂粮粉及其制品	包括粉状或非粉状的杂粮及其制品
06.04.01	杂粮粉	杂粮经过碾磨加工制成的粉状产品
06.04.02	杂粮制品	以杂粮或杂粮粉为原料加工制成的食品
06.04.02.01	杂粮罐头	以杂粮为原料，添加或不添加谷类、豆类、干果、糖和（或）甜味剂等，经加工处理、装罐、密封、杀菌制成的罐头食品，如八宝粥罐头、红豆粥罐头等
06.04.02.02	其他杂粮制品	除06.04.02.01类以外的杂粮制品
06.05	淀粉及淀粉类制品	包括食用淀粉、淀粉制品
06.05.01	食用淀粉	以谷类、薯类、豆类等植物为原料而加工的淀粉

续表

食品分类号	食品类别/名称	说明
06.05.02	淀粉制品	以淀粉为原料加工制成的产品
06.05.02.01	粉丝、粉条	以淀粉为原料，经糊化成型，在一定条件下老化（回生）、干燥而成的丝条状固态产品
06.05.02.02	虾味片	以淀粉为原料，添加膨松剂及调味物质等辅料制成的具有虾味的干制品
06.05.02.03	藕粉	以藕为原料加工制成的淀粉制品
06.05.02.04	粉圆	以淀粉为原料，经造粒工艺加工而成的圆球状非即食产品
06.06	即食谷物，包括碾轧燕麦（片）	包括所有即食的早餐谷物食品，如速溶的燕麦片（粥），谷粉，玉米片，多种谷物（如大米、小麦、玉米）的早餐类食品，由大豆或糠制成的即食早餐类食品及由谷粉制成的压缩类即食谷物制品
06.07	方便米面制品	以米、面等为主要原料，用工业化加工方式制成的即食或非即食部分预制食品，如方便面、方便米饭等
06.08	冷冻米面制品	以小麦粉、大米、杂粮等粮食为主要原料，经加工成型（或熟制）并经速冻而成的食品
06.09	谷类和淀粉类甜品（如米布丁、木薯布丁）	以谷类、淀粉为主要原料的甜品类产品，如米布丁、小麦粉布丁、木薯布丁
06.10	粮食制品馅料	由粮食制成的馅料

⑦焙烤食品

食品分类号	食品类别/名称	说明
07.0	焙烤食品	以粮、油、糖和（或）甜味剂、蛋、乳等为主要原料，添加适量辅料，并经调制、发酵、成型、熟制等工序制成的产品
07.01	面包	以小麦粉为主要原料，以酵母为主要膨松剂，适量加入辅料，经发酵、烘烤而制成的松软多孔的焙烤制品
07.02	糕点	以粮、油、糖和（或）甜味剂、蛋等为主要原料，添加适量辅料，并经调制、成型、熟制等工序制成的食品

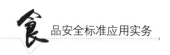

续表

食品分类号	食品类别/名称	说明
07.02.01	中式糕点（月饼除外）	具有中国传统风味和特色的糕点。分为热加工糕点和冷加工糕点，热加工糕点包括烘烤类糕点、油炸类糕点、水蒸类糕点、熟粉类糕点、其他类糕点
07.02.02	西式糕点	从国外传入我国的糕点的统称，具有西方民族风格和特色。如德式、法式、英式、俄式等。通常以面粉、奶油、糖和（或）甜味剂、蛋为原料，以可可、果料、果酱为辅料，经挤糊、成型、烘烤，再挤花或美化后而制成。一般属于冷加工糕点
07.02.03	月饼	使用面粉等谷物粉、油、糖和（或）甜味剂或不加糖及甜味剂调制成饼皮，包裹各种馅料，经加工而成，主要在中秋节食用的传统节日食品
07.02.04	糕点上彩装	中西式糕点表面涂布或点缀的可食用装饰
07.03	饼干	包括夹心及装饰类饼干、威化饼干、蛋卷和其他饼干
07.03.01	夹心及装饰类饼干	夹心饼干（包括注心饼干）：指在饼干单片之间（或在饼干空心部分）添加糖和（或）甜味剂、油脂或果酱夹心料等的饼干 装饰类饼干：指在饼干表面涂布巧克力酱、果酱等辅料或喷洒调味料，或裹粘糖花，而制成的表面有涂层、线条或图案的饼干
07.03.02	威化饼干	以小麦粉（或糯米粉）、淀粉为主要原料，加入乳化剂、膨松剂等辅料，经调粉、浇注、烘烤制成的，在多孔状片之间或造型中间添加糖和（或）甜味剂、油脂等夹心料的饼干
07.03.03	蛋卷	以小麦粉、糖和（或）甜味剂、油（或无油）、鸡蛋为原料，加入膨松剂、面粉处理剂及其他辅料，经调浆（发酵或不发酵）、浇注或挂浆、煎烤或烘烤卷制而成的制品
07.03.04	其他饼干	除07.03.01~07.03.03以外的饼干
07.04	焙烤食品馅料及表面用挂浆	用于焙烤食品的馅料及表面挂浆，如月饼馅料等
07.05	其他焙烤食品	以上各类（07.01~07.04）未包括的焙烤食品

⑧肉及肉制品

食品分类号	食品类别/名称	说明
08.0	肉及肉制品	包括生、鲜肉、预制肉制品、熟肉制品、肉制品的可食用动物肠衣类和其他熟肉制品
08.01	生、鲜肉	包括生鲜肉、冷却肉和冻肉
08.01.01	生鲜肉	活畜、禽屠宰加工后，不经冻结处理、不经冷却工艺过程的新鲜产品
08.01.02	冷却肉（包括排酸肉、冰鲜肉、冷鲜肉等）	活畜、禽屠宰加工后，胴体经冷却工艺处理，肌肉深层中心温度保持在0~4℃的制品
08.01.03	冻肉	活畜、禽屠宰加工后，经冻结处理，其肌肉中心温度在－15℃以下的制品
08.02	预制肉制品	包括调理肉制品、腌腊肉制品类
08.02.01	调理肉制品（生肉添加调理料）	以鲜（冻）畜、禽肉为主要原料，添加（或不添加）蔬菜和（或）辅料，经预处理（切制或绞制）、混合搅拌（或不混合）等工艺加工而成的一种半成品
08.02.02	腌腊肉制品类（如咸肉、腊肉、板鸭、中式火腿、腊肠）	以鲜（冻）畜、禽肉为主要原料，配以各种调味料，经过腌制、晾晒或烘焙等方法制成的一种半成品
08.03	熟肉制品	以鲜（冻）畜、禽肉（包括内脏）为主要原料，加入盐、酱油等调味品，经熟制工艺制成的肉制品
08.03.01	酱卤肉制品类	包括白煮肉类、酱卤肉类、糟肉类
08.03.01.01	白煮肉类	以鲜（冻）畜、禽肉为主要原料加水煮熟的肉制品
08.03.01.02	酱卤肉类	以鲜（冻）畜、禽肉或其内脏为主要原料，加食盐、酱油等调味料及香辛料，经煮制而成的一类熟肉类制品
08.03.01.03	糟肉类	用酒糟（或陈年香糟）代替酱汁或卤汁制作的肉制品
08.03.02	熏、烧、烤肉类	以熏、烧、烤为主要加工方法生产的熟肉制品
08.03.03	油炸肉类	以鲜（冻）畜、禽肉为主要原料，添加一些辅料及调味料，拌匀后经油炸工艺制成的熟肉制品

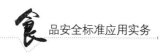

续表

食品分类号	食品类别/名称	说明
08.03.04	西式火腿（熏烤、烟熏、蒸煮火腿）类	以鲜（冻）畜、禽肉为主要原料，经腌制、蒸煮等工艺制成的定型包装的火腿类熟肉制品，包括熏烤、蒸煮及烟熏火腿等
08.03.05	肉灌肠类	以鲜（冻）畜、禽肉为主要原料，经加工、腌制、切碎、加入辅料成型或灌入肠衣内后经煮熟而成的肉制品
08.03.06	发酵肉制品类	以鲜（冻）畜、禽肉为主要原料，加入辅料，经发酵等工艺加工而成的即食肉制品
08.03.07	熟肉干制品	以鲜（冻）畜、禽肉为主要原料，加工制成的熟肉干制品
08.03.07.01	肉松类	以鲜（冻）畜、禽肉为主要原料，经煮制、切块、撇油、配料、收汤、炒松、搓松制成的肌肉纤维蓬松成絮状的肉制品
08.03.07.02	肉干类	以鲜（冻）畜、禽肉为主要原料，经修割、预煮、切丁（片、条）、调味、复煮、收汤、干燥制成的肉制品
08.03.07.03	肉脯类	以鲜（冻）畜、禽肉为主要原料，经切片、调味、腌渍、摊筛、烘干、烤制等工艺制成薄片型的肉制品
08.03.08	肉罐头类	以鲜（冻）畜、禽肉为主要原料，可加入其他原料、辅料，经装罐、密封、杀菌、冷却等工序制成的具有一定真空度、符合商业无菌要求的肉类罐装食品，一般可在常温条件下贮存
08.03.09	其他熟肉制品	以上各类（08.03.01~08.03.08）未包括的肉及肉制品
08.04	肉制品的可食用动物肠衣类	由猪、牛、羊等的肠以及膀胱除去黏膜后腌制或干制而成的肠衣

⑨水产及其制品（包括鱼类、甲壳类、贝类、软体类、棘皮类等水产及其加工制品等）

食品分类号	食品类别/名称	说明
09.0	水产及其制品（包括鱼类、甲壳类、贝类、软体类、棘皮类等水产及其加工制品等）	包括鲜水产、冷冻水产品及其制品、预制水产品（半成品）、熟制水产品（可直接食用）、水产品罐头和其他水产品及其制品

续表

食品分类号	食品类别/名称	说明
09.01	鲜水产	除冷藏、在冰上保存以外，不进行任何其他处理的水产品
09.02	冷冻水产品及其制品	包括冷冻制品、冷冻挂浆制品、冷冻鱼糜制品（包括鱼丸等）
09.02.01	冷冻水产品	低于冻结点条件下储藏的水产制品
09.02.02	冷冻挂浆制品	经预加工的水产品，在表面附上面粉或裹粉等辅料，再冷冻保藏的生制品
09.02.03	冷冻鱼糜制品（包括鱼丸等）	以鲜鱼肉斩碎，添加调味料和辅料后拌匀，成型后经油炸或水煮的半成品，包装冷冻保藏
09.03	预制水产品（半成品）	包括醋渍或肉冻状水产品、腌制水产品、鱼子制品、风干、烘干、压干等水产品和其他预制水产品（鱼肉饺皮）
09.03.01	醋渍或肉冻状水产品	醋渍水产品：将水产品浸泡在醋或酒中制得的产品，加或不添加盐和香辛料 肉冻状水产品：将水产品煮或蒸来嫩化，可以添加醋或酒、盐和防腐剂，固化成肉冻状产品
09.03.02	腌制水产品	采用腌制工艺制成的水产品
09.03.03	鱼子制品	用海水或淡水鱼的卵为原料，添加调味料及其他辅料加工制成的鱼卵制品
09.03.04	风干、烘干、压干等水产品	经风吹、烘烤、挤压等工艺制成的水产干制品
09.03.05	其他预制水产品（如鱼肉饺皮）	以上各类（09.03.01~09.03.04）未包括的预制水产品，如鱼肉饺皮
09.04	熟制水产品（可直接食用）	包括熟干水产品、经烹调或油炸的水产品、熏、烤水产品、发酵水产品和鱼肉灌肠类
09.04.01	熟干水产品	经熟制的水产干制品
09.04.02	经烹调或油炸的水产品	用蒸、煮或油炸等加工工艺制成的水产品
09.04.03	熏、烤水产品	用熏蒸、烧烤等加工工艺制成的水产品
09.04.04	发酵水产品	经发酵工艺制成的水产品
09.04.05	鱼肉灌肠类	以冷冻鱼糜或鲜鱼肉为主要原料，经混合、成型或灌入肠衣等工艺加工而成的熟制水产品

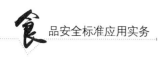

续表

食品分类号	食品类别/名称	说明
09.05	水产品罐头	以鲜（冻）水产品为原料，加入其他原料、辅料，经装罐、密封、杀菌、冷却等工序制成的具有一定真空度、符合商业无菌要求的罐头食品，一般可在常温条件下贮存
09.06	其他水产品及其制品	以上各类（09.01~09.05）未包括的水产及其制品

⑩蛋及蛋制品

食品分类号	食品类别/名称	说明
10.0	蛋及蛋制品	包括鲜蛋、不改变物理性状的再制蛋和改变了物理性状的蛋制品以及其他蛋制品
10.01	鲜蛋	各种禽类生产的、未经加工的蛋
10.02	再制蛋（不改变物理性状）	蛋加工过程中去壳或不去壳、不改变蛋形的制成品，包括卤蛋、糟蛋、皮蛋、咸蛋等
10.02.01	卤蛋	以鲜蛋为原料，经前处理、卤制、杀菌等工序制成的供直接食用的熟蛋制品
10.02.02	糟蛋	以鲜蛋为原料，经裂壳、用食盐、酒糟及其他配料等糟腌渍而成的蛋类产品，又名醉蛋
10.02.03	皮蛋	皮蛋又名松花蛋，是以鲜蛋为原料，经清洗、挑选后，用生石灰、盐以及相关食品级加工助剂配制的料液（泥）加工而成的制品
10.02.04	咸蛋	以鲜蛋为原料，经用盐水或含盐的纯净黄泥、红泥、草木灰等腌制而成的蛋类产品
10.02.05	其他再制蛋	以上各类（10.02.01~10.02.04）除外的再制蛋
10.03	蛋制品（改变其物理性状）	以鲜蛋为原料，添加或不添加辅料，经相应工艺加工制成的改变了蛋形的制成品，包括脱水蛋制品（如蛋白粉、蛋黄粉、蛋白片）、热凝固蛋制品（如蛋黄酪、松花蛋肠）、冷冻蛋制品（如冰蛋）、液体蛋和其他蛋制品
10.03.01	脱水蛋制品（如蛋白粉、蛋黄粉、蛋白片）	在生产过程中经过干燥处理的蛋制品，包括巴氏杀菌全蛋粉（片）、蛋黄粉（片）、蛋白粉（片）等

续表

食品分类号	食品类别/名称	说明
10.03.02	热凝固蛋制品(如蛋黄酪、松花蛋肠)	以蛋或蛋制品为原料,经热凝固处理后制得的产品,如蛋黄酪、松花蛋肠
10.03.03	蛋液与液态蛋	鲜蛋去壳后,所得的蛋液经一系列加工工艺,最后制成冷冻和保鲜的蛋制品,包括巴氏杀菌冰全蛋、冰蛋黄、冰蛋白等,冰冻保存等的全蛋液、蛋清或蛋黄液
10.04	其他蛋制品	以上各类(10.01~10.03)除外的蛋制品

⑪甜味料,包括蜂蜜

食品分类号	食品类别/名称	说明
11.0	甜味料,包括蜂蜜	包括食糖、淀粉糖、蜂蜜及花粉、餐桌甜味料、调味糖浆等
11.01	食糖	以甘蔗、甜菜或原糖为原料生产的白糖及其制品,以及其他糖和糖浆
11.01.01	白糖及白糖制品(如白砂糖、绵白糖、冰糖、方糖等)	白糖经浓缩、结晶、分蜜及干燥的白色砂粒状蔗糖。该类产品还包括白糖制品,如白砂糖、绵白糖、冰糖、方糖、糖霜(糖粉)等
11.01.02	其他糖和糖浆〔如红糖、赤砂糖、冰片糖、原糖、果糖(蔗糖来源)、糖蜜、部分转化糖、槭树糖浆等〕	包括除白糖及白糖制品以外的其他糖和糖浆,如红糖、赤砂糖、冰片糖、原糖、蔗糖来源的果糖、糖蜜、部分转化糖、槭树糖浆等
11.02	淀粉糖(果糖、葡萄糖、饴糖、部分转化糖等)	以淀粉或含淀粉的原料,经酶和(或)酸水解制成的液体、粉状(和结晶)的糖,如葡萄糖、葡萄糖浆、葡萄糖浆干粉(固体玉米糖浆)、麦芽糖、麦芽糖浆、果糖、果葡糖浆、固体果葡糖、麦芽糊精等
11.03	蜂蜜及花粉	包括蜂蜜和花粉
11.03.01	蜂蜜	蜜蜂采集植物的花蜜、分泌物或蜜露,与自身分泌物结合后转化而成的天然甜物质
11.03.02	花粉	蜜蜂采集被子植物雄蕊花药或裸子植物小孢子囊内的花粉细胞,形成的团粒状物

续表

食品分类号	食品类别/名称	说明
11.04	餐桌甜味料	直接供消费者饮食调味用、作为糖类替代品的高浓度甜味剂或其混合物
11.05	调味糖浆	以白砂糖或葡萄糖浆、果葡糖浆为主要原料，加入水果、果浆或果汁等水果制品、增稠剂、食品用香料等制成的一种增甜稠酱/糖浆
11.05.01	水果调味糖浆	以水果、果浆或果汁等水果制品、糖类为主要原料，加入适量辅料制成的甜酱。可作为雪糕顶料直接灌注在雪糕顶部
11.05.02	其他调味糖浆	不以水果、果浆或果汁等水果制品为原料制成的调味糖浆。如朱古力调味糖浆是以可可、乳粉、糖类等为原料，加入适量辅料，制成的朱古力甜酱
11.06	其他甜味料	以上各类（11.01~11.05）未包括的甜味料

⑫调味料

食品分类号	食品类别/名称	说明
12.0	调味品	包括盐及代盐制品、鲜味剂和助鲜剂、醋、酱油、酱及酱制品、料酒及制品、香辛料类、复合调味料和其他调味料
12.01	盐及代盐制品	盐主要为食品级的氯化钠。代盐制品是为减少钠的含量，代替食用盐的调味料，如氯化钾等
12.02	鲜味剂和助鲜剂	具有鲜味的和明显增强鲜味作用的精制品
12.03	醋	含有一定量乙酸的液态调味品，包括酿造食醋和配制食醋
12.03.01	酿造食醋	单独或混合使用各种含有淀粉、糖的物料或酒精，经微生物发酵酿制而成的液体调味品
12.03.02	配制食醋	以酿造食醋为主要原料，与食用冰乙酸、食品添加剂等混合配制的调味食醋
12.04	酱油	包括酿造酱油和配制酱油
12.04.01	酿造酱油	以大豆和（或）脱脂大豆、小麦和（或）麸皮为原料，经微生物发酵制成的具有特殊色、香、味的液体调味品

续表

食品分类号	食品类别/名称	说明
12.04.02	配制酱油	以酿造酱油为主体，与酸水解植物蛋白调味液、食品添加剂等配制而成的液体调味品
12.05	酱及酱制品	包括酿造酱和配制酱
12.05.01	酿造酱	以粮食为主要原料经微生物发酵酿制的半固态酱类，如黄豆酱、大酱、甜面酱、豆瓣酱等
12.05.02	配制酱	以酿造酱为基料，添加其他各种辅料混合制成的酱类
12.06	—	—
12.07	料酒及制品	以发酵酒、蒸馏酒或食用酒精为主要原料，添加各种调味料（也可加入植物香辛料），配制加工而成的液体调味品
12.08	—	—
12.09	香辛料类	包括香辛料及粉、香辛料油、香辛料酱及其他香辛料加工品
12.09.01	香辛料及粉	香辛料：主要来自各种天然生长植物的果实、茎、叶、皮、根、种子、花蕾等，具有特定的风味、色泽和刺激性味感的植物性产品 香辛料粉：为一种或多种香辛料的干燥物组成，包括整粒、大颗粒和粉末状制品
12.09.02	香辛料油	以一种或多种香辛料中萃取其呈味成分组成，用植物油等作为分散剂的制品，如黑胡椒油、花椒油、辣椒油、芥末油、香辛料调味油等
12.09.03	香辛料酱（如芥末酱、青芥酱）	以香辛料为主要原料加工制成的酱类产品，如芥末酱、青芥酱
12.09.04	其他香辛料加工品	以上各类（12.09.01~12.09.03）除外的香辛料产品
12.10	复合调味料	包括固体、半固体、液体复合调味料
12.10.01	固体复合调味料	以两种或两种以上的调味品为主要原料，添加或不添加辅料，加工而成的呈固态的复合调味料
12.10.01.01	固体汤料	以动植物和（或）其浓缩抽提物为主要风味原料，添加食盐等调味料及辅料，干燥加工而成的复合调味料

续表

食品分类号	食品类别/名称	说明
12.10.01.02	鸡精、鸡粉	以味精、鸡肉或鸡骨的粉末或其浓缩抽提物、呈味核苷酸二钠及食用盐等为原料，添加或不添加香辛料和（或）食品用香料，经混合加工而成，具有鸡的鲜味和香味的复合调味料
12.10.01.03	其他固体复合调味料	上述两类（12.10.01.01 和 12.10.01.02）除外的其他固体复合调味料
12.10.02	半固体复合调味料	由两种或两种以上调味料为主要原料，添加或不添加辅料，加工制成的复合半固体状调味品，一般指膏状或酱状，如沙拉酱、蛋黄酱和其他复合调味酱
12.10.02.01	蛋黄酱、沙拉酱	蛋黄酱：西式调味品。以植物油、酸性配料（食醋、酸味剂）、蛋黄为主料，辅以变性淀粉、甜味剂、食盐、香料、乳化剂、增稠剂等配料，经混合搅拌、乳化均质制成的半固体乳化调味料 沙拉酱：西式调味品。以植物油、酸性配料（食醋、酸味剂）等为主料，辅以变性淀粉、甜味剂、食盐、香料、乳化剂、增稠剂等配料，经混合搅拌、乳化均质制成的半固体乳化调味料
12.10.02.02	以动物性原料为基料的调味酱	以畜禽肉、海产品等动物性原料和（或）其提取物为基础原料，添加其他调味品，以及添加或不添加黄豆酱、甜面酱等其他辅料制成的调味酱
12.10.02.03	以蔬菜为基料的调味酱	以蔬菜为基础原料，添加或不添加黄豆酱、甜面酱等其他辅料制成的调味酱
12.10.02.04	其他半固体复合调味料	以上各类（12.10.02.01~12.10.02.03）未包括的半固体复合调味料
12.10.03	液体复合调味料（不包括12.03、12.04）	以两种或两种以上的调味料为主要原料，添加或不添加其他辅料，加工而成的复合的液态的调味品，如鸡汁调味料、糟卤和其他液态复合调味料

续表

食品分类号	食品类别/名称	说明
12.10.03.01	浓缩汤（罐装、瓶装）	以动植物或其提取物为主要原料，添加食盐等调味料及辅料，经浓缩而成的汤料
12.10.03.02	肉汤、骨汤	以鲜冻畜禽肉、鱼、骨或其抽提物为主要原料，添加调味料及辅料制成的汤料
12.10.03.03	调味清汁	稀薄、非乳化的调味汁
12.10.03.04	蚝油、虾油、鱼露等	蚝油：利用牡蛎蒸、煮后的汁液进行浓缩或直接经酶解的牡蛎肉，再加入食糖和（或）甜味剂、食盐、淀粉或改性淀粉等原料，辅以其他配料和食品添加剂制成的调味品 虾油：从虾酱中提取的汁液称为虾油 鱼露：以鱼、虾、贝类为原料，在较高盐分下经生物酶解制成的鲜味液体调味品 包括其他来源相类似的液体复合调味料
12.11	其他调味料	以上各类（12.01~12.10）除外的调味料

⑬特殊膳食用食品

食品分类号	食品类别/名称	说明
13.0	特殊膳食用食品	包括婴幼儿配方食品、婴幼儿辅助食品、特殊医学用途配方食品和其他特殊膳食用食品
13.01	婴幼儿配方食品	包含婴儿配方食品、较大婴儿和幼儿配方食品、特殊医学用途婴儿配方食品
13.01.01	婴儿配方食品	以乳及其加工制品和（或）豆类及其加工制品为主要原料，加入适量的维生素、矿物质和其他辅料，经加工制成的供0~12个月婴儿食用的产品
13.01.02	较大婴儿和幼儿配方食品	以乳及其加工制品和（或）豆类及其加工制品为主要原料，加入适量的维生素、矿物质和其他辅料，经加工制成的供6~12个月婴儿和1~3岁幼儿食用的产品
13.01.03	特殊医学用途婴儿配方食品	指针对患有特殊紊乱、疾病或医疗状况等特殊医学状况婴儿的营养需求而设计制成的粉状或液态配方食品。在医生或临床营养师的指导下，单独食用或与其他食物配合食用时，其能量和营养成分能够满足0~6月龄特殊医学状况婴儿的生长发育需求

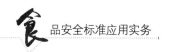

续表

食品分类号	食品类别/名称	说明
13.02	婴幼儿辅助食品	包括婴幼儿谷类辅助食品和婴幼儿罐装辅助食品
13.02.01	婴幼儿谷类辅助食品	以一种或多种谷物（如小麦、大米、大麦、燕麦、黑麦、玉米等）为主要原料，且谷物占干物质组成的25%以上，添加适量的营养强化剂和（或）其他辅料，经加工制成的适于6月龄以上婴儿和幼儿食用的辅助食品
13.02.02	婴幼儿罐装辅助食品	食品原料经处理、灌装、密封、杀菌或无菌灌装后达到商业无菌，可在常温下保存的适于6月龄以上婴幼儿食用的食品
13.03	—	—
13.04	—	—
13.05	其他特殊膳食用食品	除上述类别外的其他特殊膳食用食品（包括辅食营养补充品、运动营养食品，以及其他具有相应国家标准的特殊膳食用食品）

⑭饮料类

食品分类号	食品类别/名称	说明
14.0	饮料类	经过定量包装的，供直接饮用或按一定比例用水冲调或冲泡饮用的，乙醇含量不超过0.5%的制品。也可为饮料浓浆或固体形态
14.01	包装饮用水	以直接来源于地表、地下或公共供水系统的水为水源，经加工制成的密封于容器中可直接饮用的水
14.01.01	饮用天然矿泉水	从地下深处自然涌出的或经钻井采集的，含有一定量的矿物质、微量元素或其他成分，在一定区域未受污染并采取预防措施避免污染的水。在通常情况下，其化学成分、流量、水温等动态指标在天然周期波动范围内相对稳定
14.01.02	饮用纯净水	以直接来源于地表、地下或公共供水系统的水为水源，经适当的水净化加工方法，制成的不含任何食品添加剂的制品
14.01.03	其他类饮用水	除饮用天然矿泉水和饮用纯净水外的包装饮用水
14.02	果蔬汁类及其饮料	以水果和（或）蔬菜（包括可食的根、茎、叶、花、果实）等为原料，经加工或发酵制成的液体饮料

续表

食品分类号	食品类别/名称	说明
14.02.01	果蔬汁（浆）	以水果或蔬菜为原料，采用物理方法（机械方法、水浸提等）制成的可发酵但未发酵的汁液、浆液制品；或在浓缩果蔬汁（浆）中加入其加工过程中除去的等量水分复原制成的汁液、浆液制品，如原榨果汁（非复原果汁）、果汁（复原果汁）、蔬菜汁、果浆/蔬菜浆、复合果蔬汁（浆）等
14.02.02	浓缩果蔬汁（浆）	以水果或蔬菜为原料，从采用物理方法榨取的果汁（浆）或蔬菜汁（浆）中除去一定量的水分制成的，加入其加工过程中除去的等量水分复原后具有果汁（浆）或蔬菜汁（浆）应有特征的制品。含有不少于两种浓缩果汁（浆），或浓缩蔬菜汁（浆），或浓缩果汁（浆）和浓缩蔬菜汁（浆）的制品为浓缩复合果蔬汁（浆）
14.02.03	果蔬汁（浆）类饮料	以果蔬汁（浆）、浓缩果蔬汁（浆）为原料，添加或不添加其他食品原辅料和（或）食品添加剂，经加工制成的制品，如果蔬汁饮料、果肉（浆）饮料、复合果蔬汁饮料、果蔬汁饮料浓浆、发酵果蔬汁饮料、水果饮料等
14.03	蛋白饮料	以乳或乳制品，或其他动物来源的可食用蛋白，或含有一定蛋白质的植物果实、种子或种仁等为原料，添加或不添加其他食品原辅料和（或）食品添加剂，经加工或发酵制成的液体饮料
14.03.01	含乳饮料	以乳或乳制品为原料，添加或不添加其他食品原辅料和（或）食品添加剂，经加工或发酵制成的制品，如配制型含乳饮料、发酵型含乳饮料、乳酸菌饮料等
14.03.01.01	发酵型含乳饮料	以乳或乳制品为原料，经乳酸菌等有益菌培养发酵，添加或不添加其他食品原辅料和食品添加剂，经加工制成的饮料，根据其是否经过杀菌处理而区分为杀菌（非活菌）型和未杀菌（活菌）型
14.03.01.02	配制型含乳饮料	以乳或乳制品为原料，加入水，添加或不添加其他食品原辅料和食品添加剂，经加工制成的饮料

食品分类号	食品类别/名称	说明
14.03.01.03	乳酸菌饮料	以乳或乳制品为原料，经乳酸菌发酵，添加或不添加其他食品原辅料和食品添加剂，经加工制成的饮料，根据其是否经过杀菌处理而区分为杀菌（非活菌）型和未杀菌（活菌）型
14.03.02	植物蛋白饮料	以一种或多种含有一定蛋白质的植物果实、种子或种仁等为原料，添加或不添加其他食品原辅料和（或）食品添加剂，经加工或发酵制成的制品 以两种或两种以上含有一定蛋白质的植物果实、种子、种仁等为原料，添加或不添加其他食品原辅料和（或）食品添加剂，经加工或发酵制成的制品也可称为复合植物蛋白饮料，如花生核桃、核桃杏仁、花生杏仁复合植物蛋白饮料
14.03.03	复合蛋白饮料	以乳或乳制品和一种或多种含有一定蛋白质的植物果实、种子或种仁等为原料，添加或不添加其他食品原辅料和（或）食品添加剂，经加工或发酵制成的制品
14.03.04	其他蛋白饮料	14.03.01~14.03.03之外的蛋白饮料
14.04	碳酸饮料	以食品原辅料和（或）食品添加剂为基础，经加工制成的，在一定条件下充入一定量二氧化碳气体的液体饮料，如果汁型碳酸饮料、果味型碳酸饮料、可乐型碳酸饮料、其他型碳酸饮料等，不包括由发酵自身产生二氧化碳气的饮料
14.04.01	可乐型碳酸饮料	以可乐香精或类似可乐果香型的香精为主要香气成分的碳酸饮料
14.04.02	其他型碳酸饮料	除可乐型以外的其他碳酸饮料，包括果汁型碳酸饮料、果味型碳酸饮料和其他碳酸饮料等
14.05	茶、咖啡、植物（类）饮料	包括茶（类）饮料、咖啡（类）饮料和植物饮料
14.05.01	茶（类）饮料	以茶叶或茶叶的水提取液或其浓缩液、茶粉（包括速溶茶粉、研磨茶粉）或直接以茶的鲜叶为原料，添加或不添加食品原辅料和（或）食品添加剂，经加工制成的液体饮料，如原茶汁（茶汤）/纯茶饮料、茶浓缩液、茶饮料、果汁茶饮料、奶茶饮料、复（混）合茶饮料、其他茶饮料等

续表

食品分类号	食品类别/名称	说明
14.05.02	咖啡（类）饮料	以咖啡豆和（或）咖啡制品（研磨咖啡粉、咖啡的提取液或其浓缩液、速溶咖啡等）为原料，添加或不添加糖（食糖、淀粉糖）、乳和（或）乳制品、植脂末等食品原辅料和（或）食品添加剂，经加工制成的液体饮料，如浓咖啡饮料、咖啡饮料、低咖啡因咖啡饮料、低咖啡因浓咖啡饮料等
14.05.03	植物饮料	以植物或植物提取物为原料，添加或不添加其他食品原辅料和（或）食品添加剂，经加工或发酵制成的液体饮料，如可可饮料、谷物类饮料、草本（本草）饮料、食用菌饮料、藻类饮料、其他植物饮料等，不包括果蔬汁类及其饮料、茶（类）饮料和咖啡（类）饮料
14.06	固体饮料	用食品原辅料、食品添加剂等加工制成的粉末状、颗粒状或块状等，供冲调或冲泡饮用的固态制品，如风味固体饮料、果蔬固体饮料、蛋白固体饮料、茶固体饮料、咖啡固体饮料、植物固体饮料、特殊用途固体饮料、其他固体饮料等
14.06.01	—	—
14.06.02	蛋白固体饮料	以乳和（或）乳制品，或其他动物来源的可食用蛋白，或含有一定蛋白质含量的植物果实、种子或果仁或其制品等为原料，添加或不添加其他食品原辅料和食品添加剂，经加工制成的固体饮料
14.06.03	速溶咖啡	以咖啡豆和（或）咖啡制品（研磨咖啡粉、咖啡的提取液或其浓缩液）为原料，不添加其他食品原辅料，可添加食品添加剂，经加工制成的固体饮料
14.06.04	其他固体饮料	蛋白固体饮料和速溶咖啡之外的固体饮料，包括风味固体饮料、果蔬固体饮料、茶固体饮料、咖啡固体饮料、植物固体饮料、特殊用途固体饮料，以及上述以外的固体饮料
14.07	特殊用途饮料	加入具有特定成分的适应所有或某些人群需要的液体饮料，如营养素饮料（维生素饮料等）、能量饮料、电解质饮料、其他特殊用途饮料

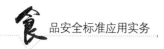

食品分类号	食品类别/名称	说明
14.08	风味饮料	以糖（包括食糖和淀粉糖）和（或）甜味剂、酸度调节剂、食用香精（料）等的一种或者多种作为调整风味的主要手段，经加工或发酵制成的液体饮料，如茶味饮料、果味饮料、乳味饮料、咖啡味饮料、风味水饮料、其他风味饮料等。其中，风味水饮料是指不经调色处理、不添加糖（包括食糖和淀粉糖）的风味饮料，如苏打水饮料、薄荷水饮料、玫瑰水饮料等
14.09	其他类饮料	14.01~14.08之外的饮料

⑮酒类

食品分类号	食品类别/名称	说明
15.0	酒类	酒精度在0.5%以上的酒精饮料，包括蒸馏酒、配制酒、发酵酒
15.01	蒸馏酒	以粮谷、薯类、水果、乳类为主要原料，经发酵、蒸馏、勾兑而成的饮料酒，包括白酒、调香蒸馏酒、白兰地、威士忌、伏特加、朗姆酒及其他蒸馏酒
15.01.01	白酒	以粮谷为主要原料，用大曲、小曲或麸曲及酒母等为糖化发酵剂，经蒸煮、糖化、发酵、蒸馏而制成的蒸馏酒
15.01.02	调香蒸馏酒	以蒸馏酒为酒基，经调香而制成的产品
15.01.03	白兰地	以新鲜水果或果汁为原料，经发酵、蒸馏、贮存、调配而成的蒸馏酒
15.01.04	威士忌	以麦芽、谷物为原料，经糖化、发酵、蒸馏、贮存、调配而成的蒸馏酒
15.01.05	伏特加	以谷物、薯类、糖蜜以及其他可食用农作物等为原料，经发酵、蒸馏制成食用酒精，在经过特殊工艺精制加工制成的蒸馏酒
15.01.06	朗姆酒	以甘蔗汁或蜂蜜为原料，经发酵、蒸馏、陈酿、调配而成的蒸馏酒
15.01.07	其他蒸馏酒	除上述产品（15.01.01~15.01.06）以外的蒸馏酒
15.02	配制酒	以发酵酒、蒸馏酒或食用酒精为酒基，加入可食用或药食两用的辅料或食品添加剂，进行调配、混合或再加工制成的、已改变了其原酒基风格的饮料酒

续表

食品分类号	食品类别/名称	说明
15.03	发酵酒	以粮谷、水果、乳类等为主要原料，经发酵或部分发酵酿制而成的饮料酒，包括葡萄酒、黄酒、果酒、蜂蜜酒、啤酒和麦芽饮料及其他发酵酒类（充气型）
15.03.01	葡萄酒	以新鲜葡萄或葡萄汁为原料，经全部或部分发酵酿制而成的、含有一定酒精度的发酵酒
15.03.01.01	无汽葡萄酒	在20℃时，二氧化碳压力小于0.05MPa的葡萄酒
15.03.01.02	起泡和半起泡葡萄酒	在发酵过程产生二氧化碳气体的葡萄酒。也包括部分或全部充入二氧化碳气体的葡萄酒。在20℃时，二氧化碳压力大于等于0.05MPa
15.03.01.03	调香葡萄酒	以葡萄酒为酒基，经浸泡芳香植物或加入芳香植物的浸出液（或馏出液）而制成的葡萄酒
15.03.01.04	特种葡萄酒（按特殊工艺加工制作的葡萄酒，如在葡萄原酒中加入白兰地、浓缩葡萄汁等）	以鲜葡萄、葡萄汁或葡萄酒为原料，按特殊工艺加工制作的葡萄酒，如在葡萄原酒中加入白兰地、浓缩葡萄汁等
15.03.02	黄酒	以稻米、黍米等为主要原料，加曲、酵母等糖化发酵剂发酵酿制而成的发酵酒
15.03.03	果酒	以新鲜水果或果汁为原料，经全部或部分发酵酿制而成的发酵酒
15.03.04	蜂蜜酒	以蜂蜜为原料，经发酵酿制成的酒类
15.03.05	啤酒和麦芽饮料	以麦芽、水为主要原料，加啤酒花（包括酒花制品），经酵母发酵酿制而成的、含有二氧化碳的、起泡的、低酒精度的发酵酒 （注：包括酒精度低于0.5%的无醇啤酒）
15.03.06	其他发酵酒类（充气型）	除上述产品（15.03.01~15.03.05）以外的发酵酒

⑯其他类（01.0~15.0除外）

食品分类号	食品类别/名称	说明
16.0	其他类（01.0~15.0除外）	本类别汇总了在01.0~15.0类别中暂无法划归的类别

续表

食品分类号	食品类别/名称	说明
16.01	果冻	以食用胶和食糖和（或）甜味剂等为原料，经蒸胶、调配、灌装、杀菌等工序加工而成的胶冻食品
16.02	茶叶、咖啡和茶制品	包括茶叶、咖啡以及含茶制品
16.02.01	茶叶、咖啡	茶叶：以茶树鲜叶为原料经加工制成的，含有咖啡碱、茶多酚、茶氨酸等物质的产品 咖啡：咖啡属植物的果实和种子，由果皮、种皮、种仁和胚经加工后制出的供消费用的产品
16.02.02	茶制品（包括调味茶和代用茶）	茶制品指含茶制品，包括调味茶和代用茶 调味茶指以茶叶为原料，配以各种可食用物质或食品用香料等制成的调味茶类 代用茶是指选用可食用植物的叶、花、果（实）、根茎等为原料加工制作的、采用类似茶叶冲泡（浸泡）方式供人们饮用的产品
16.03	胶原蛋白肠衣	以猪皮、牛真皮层的胶原蛋白纤维为原料制成的、用于制备中西式灌肠的蛋白肠衣
16.04	酵母及酵母类制品	以酵母菌种为主体，经培养制成的可用于食品工业的菌体及其制品
16.04.01	干酵母	经过分离、干燥等工序制成的酵母产品
16.04.02	其他酵母及酵母类制品	除干酵母以外的其他酵母产品及以酵母为原料，经水解、提纯、干燥等工艺制成的酵母类制品
16.05	—	—
16.06	膨化食品	以谷类、薯类、豆类、果蔬类或坚果籽类等为主要原料，采用膨化工艺制成的组织疏松或松脆的食品
16.07	其他	以上各类（16.01~16.06）未包括的其他食品

4.1.5 食品添加剂的功能类别

（1）酸度调节剂：又称pH调节剂，用以维持或改变食品酸碱度的物质，主要包括酸化剂、碱剂以及具有缓冲作用的盐类。常用的酸度调节剂有柠檬酸、乳酸、磷酸等。

（2）抗结剂：又称抗结块剂，用于防止颗粒或粉状食品聚集结块，保持其松散或自由流动的物质。常用的抗结剂有二氧化硅、硅酸钙、硬脂酸钙等。

（3）消泡剂：在食品加工过程中降低表面张力，消除泡沫的物质。大致可分为两类：①能消除已产生的气泡，如蔗糖脂肪酸酯等；②能抑制气泡的形成，如聚二甲基硅氧烷及其乳液等。

（4）抗氧化剂：能防止或延缓油脂或食品成分氧化分解、变质，提高食品稳定性的物质。按溶解性分为油溶性与水溶性两类：①油溶性的有丁基羟基茴香醚（BHA）、二丁基羟基甲苯（BHT）、特丁基对苯二酚（TBHQ）、没食子酸丙酯（PG）等；②水溶性的有D-异抗坏血酸及其钠盐等。

（5）漂白剂：能够破坏、抑制食品的发色因素，使其褪色或使食品免于褐变的物质。分为氧化漂白剂和还原漂白剂两类：①氧化漂白剂是通过其本身强烈的氧化作用使着色物质被氧化破坏，从而达到漂白的目的；②还原漂白剂以亚硫酸及其盐类为主，通过其所产生的二氧化硫的还原作用使食品褪色，还有抑菌及抗氧化等作用。

（6）膨松剂：在食品加工过程中加入的，能使产品发起形成致密多孔组织，从而使制品具有膨松、柔软或酥脆的物质。分为酸性和碱性两类：①酸性膨松剂常用磷酸盐类，提供反应时所需的H^+；②碱性膨松剂常用碳酸盐及碳酸氢盐，提供CO_2。

（7）胶基糖果中基础剂物质：赋予胶基糖果起泡、增塑、耐咀嚼等作用的物质，是作为骨架结构存在于胶基糖果中的一类较为特殊的食品添加剂。

（8）着色剂：使食品赋予色泽和改善食品色泽的物质。分为食用合成色素和食用天然色素两大类：①食用合成色素由人工化学合成，具有色泽鲜艳，着色力强，不容易褪色，用量比较低，性能比较稳定的优点，如诱惑红、柠檬黄及其铝色淀等；②食用天然色素是来自于天然物质，且大多是可食用资源，利用一定的加工方法所获得的着色剂。它们主要是由植物组织中提取，也包括来自于动物和微生物的一些色素，如天然胡萝卜素、杨梅红、叶黄素等。

（9）护色剂：又称发色剂，是能与食品中呈色物质作用，使之在加工、保

藏等过程中不致分解、破坏，呈现良好色泽的物质。主要有硝酸钠、亚硝酸钠、硝酸钾、亚硝酸钾、葡萄糖酸亚铁、D-异抗坏血酸及其钠盐等。护色剂的主要应用范围为肉制品、杂粮罐头、浓缩果蔬汁、葡萄酒和腌渍的蔬菜等。

（10）乳化剂：能改善乳化体中各种构成相之间的表面张力，形成均匀分散体或乳化体的物质，具有亲水基和亲油基的表面活性剂。其亲水基一般是溶于水或能被水浸湿的基团，如羟基；其亲油基一般是油脂结构中与烷羟相似的碳氢化合物长链，与油基互溶。乳化剂主要应用在焙烤食品及淀粉制品、冰淇淋、人造奶油、巧克力、糖果、口香糖、植物蛋白饮料等食品类别中。

（11）酶制剂：由动物或植物的可食或非可食部分直接提取，或由传统或通过基因修饰的微生物（包括但不限于细菌、放线菌、真菌菌种）发酵、提取制得，用于食品加工，具有特殊催化功能的生物制品。酶制剂可以含有一种或多种酶，可根据需要添加载体、溶剂、防腐剂、抗氧化剂或其他物质。

（12）增味剂：又称风味增强剂，是补充或增强食品原有风味的物质。按其化学性质的不同分为两类：①氨基酸类，主要包括L-谷氨酸及其钠盐（如谷氨酸钠）和氨基己酸；②核苷酸类，主要包括5′-呈味核苷酸二钠、5′-肌苷酸二钠和5′-鸟苷酸二钠。

（13）面粉处理剂：促进面粉的熟化和提高制品质量的物质。面粉处理剂大多具有氧化、还原作用。

（14）被膜剂：涂抹于食品外表，起保质、保鲜、上光、防止水分蒸发等作用的物质。例如对水果使用被膜剂，可在水果表面形成薄膜以抑制水分蒸发，并形成气调层，防止微生物侵入，因而可延长保鲜时间；对糖果巧克力等表面涂膜后，不仅外观光亮、美观，而且还可以防止粘连，保持质量稳定。

（15）水分保持剂：有助于保持食品中水分而加入的物质。广泛应用于肉禽、蛋、水产品、乳制品、谷物制品、饮料、果蔬、油脂等。例如磷酸可减少禽肉加工时的原汁流失，增加持水性，从而改善风味，提高出品率；防止鱼类冷藏时蛋白质变质，保持嫩度，减少解冻损失。

（16）防腐剂：防止食品腐败变质、延长食品储存期的物质。有广义和狭义之分：①狭义的防腐剂主要指山梨酸、苯甲酸等直接加入食品中的化学物质；②广义的防腐剂包括狭义防腐剂所指的化学物质外，还包括那些通常认为是调料而具有防腐作用的物质，如食盐、醋等，以及那些通常不直接加入食品，而在食品贮藏过程中应用的消毒剂和防腐剂等。作为食品添加剂应用的防腐剂是指为防止食品腐败、变质，延长食品保质期，抑制食品中微生物繁殖的物质，但食品中具有同样作用的调味品如食盐、糖、醋、香辛料等不包括在内。用于食品容器消毒灭菌的消毒剂也不在此列。

（17）稳定剂和凝固剂：使食品结构稳定或使食品组织结构不变，增强黏性固形物的物质。常见的稳定剂和凝固剂有各种钙盐，如氯化钙、乳酸钙等，能使可溶性果胶成为凝胶状不溶性果胶酸钙，以保持果蔬加工的脆度和硬度；在豆腐生产中使用硫酸钙、氯化镁、葡萄糖酸-δ-内酯等使豆浆中的蛋白质凝固而制成各种豆腐。

（18）甜味剂：赋予食品甜味的物质。分为营养型和非营养型：①营养型甜味剂是指与蔗糖甜度相等的含量，其热值相当于蔗糖热值2%以上者，主要指一些具有多羟醇结构的糖醇类物质，如木糖醇、乳糖醇、山梨糖醇、麦芽糖醇、赤藓糖醇、D-甘露糖醇；②非营养型甜味剂是指与蔗糖甜度相等时，其热值低于蔗糖热值的2%者，包括糖精钠、环己基氨基磺酸钠、阿斯巴甜、安赛蜜、异麦芽酮糖等。其相对甜度远高于蔗糖，用量极少，热值很小，多不参与代谢过程，通常称为高倍甜味剂。

（19）增稠剂：用于提高食品的黏稠度或形成凝胶，从而改变食品的物理性状，赋予食品黏润、适宜的口感，并兼有乳化、稳定或使呈悬浮状态作用的物质。

（20）食品用香料：能够用于调配食品香精，并使食品增香的物质。它不但能够增进食欲，有利于消化吸收，而且对增加食品的花色品种和提高食品质量具有很重要的作用。按其来源和制造方法等的不同，通常分为食品天然

香料、食品用合成香料两类。

（21）食品工业用加工助剂：有助于食品加工能顺利进行的各种物质，与食品本身无关。如助滤、澄清、吸附、脱模、脱色、脱皮、提取溶剂、发酵用营养物质等。加工助剂一般应在制成最后成品之前除去，无法完全去除的，应尽可能降低其残留量，其残留量不应对健康产生危害，不应在最终食品中发挥功能作用。

（22）其他：此类是上述功能类别中不能涵盖的其他功能的食品添加剂。如功能为"其他"的氯化钾，作为氯化钠的替代品用于低钠盐。

4.1.6　食品添加剂使用规定查询

GB 2760附录部分包括附录A、附录B、附录C、附录D、附录E、附录F及其对应的使用表格（见表4-4）。

表4-4　附录及其对应的使用表格

附录	附录对应的使用表格	
附录A	表A.1	食品添加剂的允许使用品种、使用范围以及最大使用量或残留量
	表A.2	可在各类食品中按生产需要适量使用的食品添加剂名单
	表A.3	按生产需要适量使用的食品添加剂所例外的食品类别名单
附录B	表B.1	不得添加食品用香料、香精的食品名单
	表B.2	允许使用的食品用天然香料名单
	表B.3	允许使用的食品用合成香料名单
附录C	表C.1	可在各类食品加工过程中使用，残留量不需要限定的加工助剂名单（不含酶制剂）
	表C.2	需要规定功能和使用范围的加工助剂名单（不含酶制剂）
	表C.3	食品用酶制剂及其来源名单
附录E	表E.1	食品分类系统

在查找一种食品添加剂的具体使用范围时，应该将表A.1和表A.2结合看，优先查A.2，再查表A.1。

根据表A.3的规定，表A.2中食品添加剂的使用范围是除表A.3中列出的食品类别以外的所有食品类别，最大使用量为按生产需要适量使用；根据表A.1的规定，表A.1中食品添加剂的使用范围为A.1中该添加剂下规定的"食品名称/分类"的内容，按照相应的最大使用量规定使用。建议在查询某一食品添加剂的使用规定时可按照下述流程图进行，如图4–1所示，查询结果可能出现以下4种情况，分别举例说明。

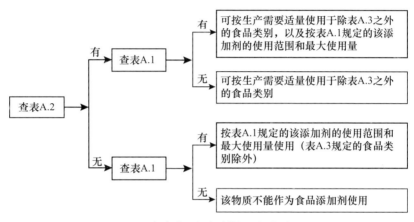

图4–1 查询食品添加剂使用规定流程图

（1）既在表A.1中有规定，又在A.2中有规定的食品添加剂

例如：查找黄原胶的使用规定，首先查询表A.2，可以在标准文本的表A.2中找到该食品添加剂。再查表A.1，可以在标准文本的表A.1中找到该食品添加剂的使用规定，如表4–5。

表4–5 食品添加剂黄原胶在GB 2760–2014表A.1中的使用规定

黄原胶（又名汉生胶） **xanthan gum**

CNS号 20.009 INS号 415

功能 稳定剂、增稠剂

食品分类号	食品名称	最大使用量（g/kg）	备注
01.05.01	稀奶油	按生产需要适量使用	
02.02.01.01	黄油和浓缩黄油	5.0	
06.03.02.01	生湿面制品（如面条、饺子皮、馄饨皮、烧麦皮）	10.0	

续表

食品分类号	食品名称	最大使用量（g/kg）	备注
06.03.02.02	生干面制品	4.0	
11.01.02	其他糖和糖浆〔如红糖、赤砂糖、冰片糖、原糖、果糖（蔗糖来源）、糖蜜、部分转化糖、槭树糖浆等〕	5.0	
12.09	香辛料类	按生产需要适量使用	
13.01.03	特殊医学用途婴儿配方食品	9.0	使用量仅限粉状产品，液态产品按照稀释倍数折算
14.02.01	果蔬汁（浆）	按生产需要适量使用	固体饮料按稀释倍数增加使用量

因此，黄原胶使用规定按流程图（图4-1）第1种情况执行，它的使用由两部分组成：一是在除表A.3以外的食品类别中按生产需要适量使用；二是如表4-5所示的表A.1规定的使用范围和使用量。

（2）只在A.2中有规定的食品添加剂

例如：查找甘油的使用规定，首先查找表A.2，可以在GB 2760的表A.2找到该食品添加剂。再查表A.1，可以发现该添加剂在表A.1中没有使用规定。

因此，甘油的使用按照图4-1中第2种情况执行，即可按生产需要适量使用于除表A.3以外的食品类别。

（3）只在A.1中有规定的食品添加剂

例如：查找环己基氨基磺酸钠（又名甜蜜素）在果蔬汁（浆）中的使用规定，首先查找表A.2，发现该添加剂不在表A.2名单中，再查找表A.1，可在标准文本中找到该添加剂在饮料类（14.01包装饮用水除外）的使用规定，见表4-6。

表4-6　食品添加剂甜蜜素在GB 2760-2014表A.1中的使用规定

环己基氨基磺酸钠（又名甜蜜素） 　　**sodium cyclamate，calcium cyclamate**

环己基氨基磺酸钙

CNS号　19.002　　　　　　　　INS号　952

功能　甜味剂

食品分类号	食品名称	最大使用量（g/kg）	备注
14.0	饮料类（14.01包装饮用水除外）	0.65	以环己基氨基磺酸计，固体饮料按稀释倍数增加使用量

　　然后查找表A.3，可见果蔬汁（浆）是表A.3所类外的食品类别，见表4-7。

表4-7　14.02.01果蔬汁（浆）位列于表A.3中

食品分类号	食品名称
14.02.01	果蔬汁（浆）

　　因此，环己基氨基磺酸钠（又名甜蜜素）在果蔬汁（浆）中的使用规定按流程图4-1中第3种情况执行，其使用范围和使用量按表A.1和表A.3的规定执行，为不得使用。

　　（4）在表A.1和表A.2中均未规定的食品添加剂

　　如果一种物质在表A.1和A.2中都没有规定，则属于我国不允许使用的食品添加剂，例如溴酸钾、过氧化苯甲酰。

4.1.7　食品添加剂的使用规定

　　（1）表A.1规定了食品添加剂的允许使用品种、使用范围以及最大使用量或残留量。

　　①表A.1中的"最大使用量"对于有的食品添加剂是以最大使用量来计算的，如苯甲酸及其钠盐在酱油中的最大使用量为"1.0g/kg"；对于有的食品添加剂又是以其最大残留量计算的，如巴西棕榈蜡在新鲜水果中的最大残留量为"0.0004g/kg"。

②表A.1中的"备注"是对于"最大使用量"的补充说明，包括以下内容。

对于"**最大使用量**"的进一步说明：如柠檬黄及其铝色淀在应用于饮料类时，其附加说明为"以柠檬黄计，固体饮料按稀释倍数增加使用量"。

对于"**最大使用量**"计算方式的说明：如规定BHT在腌腊肉制品中"以油脂中的含量计"。

对于"**最大使用量**"检验的说明：如甜菊糖苷"以甜菊醇当量计"。

对于食品添加剂"**来源**"的说明：如谷氨酰胺转氨酶为"来源同表C.3"。

对于食品添加剂使用方式的说明：如磷酸及磷酸盐类"可单独或混合使用"。

对于食品添加剂使用范围的说明：如磷酸氢三钠在应用于乳及乳制品时，其附加说明为"仅限羊奶"等。

例1 纳他霉素在蛋黄酱、沙拉酱中的最大使用量为0.02g/kg，但终产品中是以其残留量计的，不得超过10mg/kg。

例2 焦亚硫酸钾、焦亚硫酸钠、亚硫酸钠、亚硫酸氢钠、低亚硫酸钠作为漂白剂，在蜜饯凉果中的最大使用量为0.35g/kg，但其终产品中是以二氧化硫残留量计的。

（2）表A.1列出的同一功能的食品添加剂（包括相同色泽着色剂、防腐剂、抗氧化剂）在混合使用时，各自用量占其最大使用量的比例之和不应超过1。

以下4种情况不受本条规定约束：①不同色泽的着色剂共同使用时；②本条所列功能外的其他功能的食品添加剂共同使用时；③具有多种功能的食品添加剂在不使用其着色剂、防腐剂和抗氧化剂功能时；④不具有同一功能或具有同一功能但没有相同使用范围的食品添加剂。

例1 假设M和N是同一功能有共同使用范围X的两种食品添加剂，M添加剂在X中的实际使用量为m，本标准规定M在X中的最大使用量为m'，N在X中的实际使用量为n，本标准规定N在X中的最大使用量为n'，则可以

用公式表示为:

$$m/m' + n/n' \leq 1$$

当M和N的最大使用量相同,均为m′时,则公式可以简化为:

$$(m+n)/m' \leq 1$$

当两种以上符合本条要求的食品添加剂共同使用时,则公式可以拓展为:

$$m/m' + n/n' + x/x' + \cdots \leq 1$$

例2 丁基羟基茴香醚(BHA)和二丁基羟基甲苯(BHT)均可用于饼干(07.03),最大使用量均为0.2g/kg,假设BHA和BHT同时使用于饼干(07.03),实际添加量分别为A(g/kg)和B(g/kg),则应满足:A/0.2 + B/0.2 ≤ 1。即,如A为0.1g/kg,则B不能超过0.1g/kg;如A为0.19g/kg,则B不能超过0.01g/kg。

(3)可在各类食品中按生产需要适量使用的食品添加剂名单。

①表A.2规定了可在各类食品(表A.3所列食品类别除外)中按生产需要适量使用的食品添加剂。本条中,"按生产需要适量使用"的含义为按良好生产工艺条件加工食品,在达到预期效果的前提下尽可能降低使用量。

②表A.2涉及的食品添加剂共75个。表A.1和表A.2中食品添加剂的功能栏中规定的主要功能,只是说明该种添加剂可能具有这么多功能,不是其所有功能的列举,也不是说明在规定的使用范围中发挥列出的所有功能,而要根据实际使用情况确定其发挥的具体功能。

(4)按生产需要适量使用的食品添加剂所例外的食品类别名单。

①表A.3规定了表A.2所例外的食品类别,这些食品类别使用添加剂时应符合表A.1的规定。同时,这些食品类别不得使用表A.1规定的其上级食品类别中允许使用的食品添加剂。

②表A.3中的食品类别及其所有下级食品,原则上不能使用表A.2中的食

品添加剂，除非在表A.1中另有规定。

例　表A.3的06.03.02.02生干面制品原则上不能使用表A.2中的果胶（见表4-8），但是在表A.1（见表4-9）可查到果胶在06.03.02.02生干面制品中的使用规定，因此，虽然由于06.03.02.02生干面制品位于表A.3，原则上不能使用位于表A.2的果胶，但是又因为表A.1规定了06.03.02.02生干面制品可使用果胶，因此，06.03.02.02生干面制品可执行表A.1的规定，可使用果胶。

表4-8　食品添加剂果胶在GB 2760-2014的表A.2中的使用规定

序号	添加剂名称	CNS号	英文名称	INS号	功能
23	果胶	20.006	pectins	440	增稠剂

表4-9　食品添加剂果胶在生干面制品的表A.1中的使用规定

果胶　　　　　　　　　　　　pectins
CNS号　20.006　　　　　　　INS号　440
功能　乳化剂、稳定剂、增稠剂

食品分类号	食品名称	最大使用量（g/kg）	备注
06.03.02.02	生干面制品	按生产需要适量使用	

（5）表A.3食品类别不能使用上级食品允许使用的食品添加剂，而表A.3食品类别下级食品可使用表A.1食品类别允许使用的食品添加剂。

例　表A.1可查到丁基羟基茴香醚（BHA）在02.0脂肪、油和乳化脂肪制品，以及在02.01基本不含水的脂肪和油中的使用规定（见表4-10）。由于表A.3中列有02.01基本不含水的脂肪和油、02.02.01.01黄油和浓缩黄油（见表4-11）两类食品名称，则这两类食品原则上不能使用丁基羟基茴香醚（BHA）。但表A.1同时可查到丁基羟基茴香醚（BHA）可在02.01基本不含水的脂肪和油中的使用规定，则丁基羟基茴香醚（BHA）可以在02.01基本不含水的脂肪和油中使用。也可以在02.01基本不含水的脂肪和油的下级食品类别02.01.01植物油脂、02.01.02动物油脂（包括猪油、牛油、鱼油和其他动物脂肪等）、02.01.03无水黄油、无水乳脂中使用。由于表A.1中没有丁基羟基茴香醚（BHA）在02.02.01.01黄油和浓缩黄油中的使用规定，因此丁基羟基茴香醚（BHA）不能在黄油和浓缩黄油中使用。

表4-10 丁基羟基茴香醚（BHA）在表A.1 02.0和02.01中的使用规定

丁基羟基茴香醚（BHA） butylated hydroxyanisole（BHA）

CNS号 04.001 INS号 320

功能 抗氧化剂

食品分类号	食品名称	最大使用量（g/kg）	备注
02.0	脂肪，油和乳化脂肪制品	0.2	以油脂中的含量计
02.01	基本不含水的脂肪和油	0.2	

表4-11 02.01和02.02.01.01位列于表A.3中

食品分类号	食品名称
02.01	基本不含水的脂肪和油
02.02.01.01	黄油和浓缩黄油

（6）表A.1和表A.2不包括食品用香料和用作食品工业用加工助剂的食品添加剂。

4.1.8 食品用香料、香精的使用原则及使用规定

（1）食品用香料、香精的使用原则

①食品用香料一般配制成食品用香精后用于食品加香，部分也可直接用于食品加香。食品用香料、香精不包括只产生甜味（如糖、甜味剂等）、酸味（如醋等）或咸味（如食盐等）的物质，也不包括增味剂（如谷氨酸钠等）。

②食品用香料、香精在各类食品中按生产需要适量使用，不得添加食品用香料、香精的食品名单见表B.1，法律、法规或国家食品安全标准另有明确规定的除外。

③用于配制食品用香精的食品用香料品种应符合标准的规定。

④具有其他食品添加剂功能的食品用香料，在食品中发挥其他食品添加剂功能时，应符合本标准的规定。如苯甲酸、肉桂醛、双乙酸钠（又名二醋

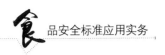

酸钠）、琥珀酸二钠、磷酸三钙、氨基酸等。

⑤食品用香精可以含有对其生产、贮存和应用等所必需的食品用香精辅料（包括食品添加剂和食品），但其不应在最终食品中发挥功能作用，在达到预期目的的前提下尽可能降低在食品中的使用量。

⑥凡添加了食品用香料、香精的食品应按照国家相关标准进行标注。

（2）食品用香料的使用规定

①食品用香料包括天然香料和合成香料两种。

②允许使用的食品用天然香料名单见GB 2760表B.2。

③允许使用的食品用合成香料名单见GB 2760表B.3。

4.1.9　食品工业用加工助剂的使用原则及使用规定

（1）食品工业用加工助剂的使用原则

①加工助剂应在食品生产加工过程中使用，使用时应具有工艺必要性，在达到预期目的前提下应尽可能降低使用量。

例　糕点加工过程中为了使蛋糕等产品顺利地从模具脱离，需要在模具表面涂抹巴西棕榈蜡、蜂蜡等脱模剂，如果使用量过少，不能形成完整、稳定性好的膜，导致产品和模具无法有效脱离；但如果使用量过多会造成潜在危害，并且烘烤时会在模具局部形成"油煎"现象，不仅影响产品品质还给模具清洗带来困难。

②加工助剂一般应在制成最终成品之前除去，无法完全除去的，应尽可能降低其残留量，其残留量不应对健康产生危害，不应在最终食品中发挥功能作用。

例　乙醇作为提取溶剂广泛用于食品加工中，但乙醇中含有甲醇、杂醇油等有害物质，需要通过乙醇本身的质量安全指标，来尽可能降低乙醇在食品终产品中的残留量来达到控制有害杂质的目的。

③加工助剂应符合相应的质量规格要求。

（2）食品工业用加工助剂的使用规定

①表C.1规定了可在各类食品加工过程中使用，残留量不需限定的加工助剂名单（不含酶制剂），但是在具体使用时需要结合该加工助剂所应用的食品产品标准来综合考虑。

②表C.2规定了需要规定功能和使用范围的加工助剂名单（不含酶制剂）。

例 硫黄作为澄清剂，其规定的使用范围为"制糖工艺"，即除食糖以外的食品加工过程中是不允许使用硫黄的。

③表C.3规定了食品加工中允许使用的酶。各种酶的来源和供体应符合表中的规定。

某些食品工业用酶制剂同时具有食品添加剂功能，当其作为加工助剂使用时应符合加工助剂的规定，当其作为食品添加剂使用时应符合食品添加剂的规定。

例 谷氨酰胺转氨酶作为食品添加剂时具有使用范围和最大使用量，其在表A.1中的具体规定见表4-12。

表4-12 食品添加剂谷氨酰胺转氨酶在表A.1 04.04豆类制品中的使用规定

谷氨酰胺转氨酶   **glutamine transaminase**

CNS号   18.013   INS号   —

功能   稳定剂和凝固剂

食品分类号	食品名称	最大使用量/（g/kg）	备注
04.04	豆类制品	0.25	来源同表C.3

4.1.10 食品添加剂的带入原则

（1）符合带入原则的情形

[**情形一**] 下列情况下食品添加剂可通过食品配料（含食品添加剂）带入

食品中。

①根据 GB 2760，食品配料中允许使用该食品添加剂。

②食品配料中该添加剂的用量不应超过允许的最大使用量。

③应在正常生产工艺条件下使用这些配料，并且食品中该添加剂的含量不应超过由配料而带入的水平。

④由配料带入食品中该添加剂的含量，应明显低于直接将其添加到该食品中通常所需要的水平。

这种情况下要求加入食品原料的食品添加剂必须是允许在该食品原料中使用的，并且对其在食品原料和食品终产品中的含量进行了一系列规定；该食品原料的食品添加剂只在食品原料中发挥工艺作用，同时又随着食品原料不可避免地被带入到食品终产品中，但在终产品中不发挥工艺作用。

[情形二] 当某食品配料作为特定终产品的原料时，批准用于上述特定终产品的添加剂允许添加到这些食品配料中，同时该添加剂在终产品中的量应符合标准的要求。（注：所述特定食品配料的标签上应明确标示用于上述特定食品的生产。）

比较常见的这类食品配料有：用于肉制品加工的复合调味料和裹粉、煎炸粉，其中加入着色剂、水分保持剂、膨松剂、酸度调节剂、甜味剂、抗氧化剂、防腐剂等，在最终产品肉制品中发挥改善色泽、调整口感、增加风味以及增加出品率等工艺作用；用于糕点加工的蛋糕预拌粉，其中加入膨松剂、乳化剂、增稠剂、水分保持剂、酸度调节剂、着色剂等，使最终产品糕点品质改良、更具弹性和松软性。

这种情况下要求加入食品原料的食品添加剂是允许在食品终产品中使用的，其添加量应符合食品终产品中使用量的要求；该食品原料的食品添加剂在食品终产品中发挥工艺作用，在食品原料中不发挥工艺作用，而以食品原料为载体被加入到食品终产品中。

（2）带入原则的应用

食品中食品添加剂的使用必须严格按照GB 2760执行，但在判定食品中食品添加剂的使用情况时应考虑带入原则，结合食品终产品以及配料表中各成分允许使用的食品添加剂的使用范围和使用量来进行综合判定。

①食品配料中不允许使用该添加剂，或者用量不符合GB 2760规定，则使用了不合格配料，不符合带入原则。

②为了使最终食品中防腐剂的含量达到防腐、延长货架期的作用，而在该食品的配料中添加足够量的防腐剂，或者将配料作为载体进入最终食品，不符合带入原则。

③食品终产品及其配料中均不允许使用某种食品添加剂，但却在这种食品中发现了这种食品添加剂的使用，这既违反了该食品中食品添加剂的使用规定，也不符合带入原则。

④食品终产品中不允许使用某种食品添加剂，却发现了这种食品添加剂的存在，应考虑该食品的某种配料是否允许使用这种添加剂，判定其是否符合带入原则。

4.2 常见问题释疑

4.2.1 餐饮环节中食品添加剂的使用如何执行

食品生产经营者使用食品添加剂应当符合《食品安全法》第四十条等规定，按照GB 2760等执行。GB 2760中"食品分类系统"是以食品生产所使用的原料为基础，结合食品加工工艺特点的原则进行划分的。食品生产经营者可根据上述食品分类依据，确定其加工食品的类别，并根据确定的食品类别按GB 2760规定使用食品添加剂。

4.2.2 保健食品中食品添加剂的使用如何执行

对2011年5月前已批准的保健食品，其使用的食品添加剂可按照保健食

品批准证书中的有关要求执行。之后申报的保健食品，其食品添加剂应当符合 GB 2760 的规定。属于食品添加剂新品种的，应当按照《食品添加剂新品种管理办法》执行。

GB 2760-2014《食品安全国家标准 食品添加剂使用标准》的食品分类系统未单独规定保健食品类别。具有普通食品通常形态的保健食品可按照食品分类原则确定食品归属类别。

例如：酒类保健食品中使用食品添加剂可以参照酒类的相应规定执行。

4.2.3 具有双重属性的食品添加剂如何使用

GB 2760 中部分食品添加剂品种同时具有食品原料的属性，当作为食品添加剂使用时应遵守本标准的规定；当作为食品原料使用时则不属于本标准的适用范围。

例如：聚葡萄糖是我国允许使用的食品添加剂，具有增稠剂、膨松剂、水分保持剂、稳定剂等功能，除具有上述食品添加剂功能外，该物质还是一种可溶性膳食纤维。当该物质作为食品添加剂使用时，应该遵守 GB 2760-2014《食品安全国家标准 食品添加剂使用标准》的规定，当该物质作为可溶性膳食纤维在食品中使用时，属于食品原料而不是食品添加剂，因此不属于本标准的范围。

4.2.4 食品用香料执行什么标准

已有食品安全国家标准或相关标准的食品用香料，其质量规格应符合该品种的食品安全国家标准或相关标准。对于尚无食品安全国家标准或相关标准的食品用香料，应当符合《食品安全国家标准 食品用香料通则》（GB 29938-2013）规定。

根据食品用香料技术要求，如果 GB 29938 不能满足实际需要，确有必要另行制定单个品种的食品用香料标准的，将按照食品安全国家标准制定和修订程序制定。

4.2.5 食品用香精执行什么标准

《食品安全国家标准 食品用香精》（GB 30616-2014）替代《食品添加剂乳化香精》（GB 10355-2006）和《咸味食品香精》（QB/T 2640-2004），替代《食用香精》（QB/T 1505-2007）中食品用香精的内容，不包括QB/T 1505中的饲料用香精、接触口腔与嘴唇用香精等内容。

4.2.6 工业酶制剂该如何执行标准

我国参考JECFA关于酶制剂通用要求制定了《食品安全国家标准 食品工业用酶制剂》（GB 25594-2010），该标准基本可以涵盖GB 2760和国家卫生计生委公告中所列酶制剂的质量规格要求。因此，GB 2760中所列酶制剂和国家卫生计生委公告中酶制剂的质量规格标准按照GB 25594执行。

例如：国家卫生计生委2015年第1号公告中的β-半乳糖苷酶是食品用酶制剂新品种，其使用范围和使用量应符合GB 2760中附录C"食品工业用加工助剂使用规定"的要求；其质量规格要求应符合GB 25594的规定。

4.2.7 粉皮类产品中食品添加剂使用如何执行

国家卫生计生委《关于批准β-半乳糖苷酶为食品添加剂新品种等的公告》（2015年第1号）规定，硫酸铝钾（又名钾明矾）、硫酸铝铵（又名铵明矾）可作为膨松剂在粉丝、粉条（食品分类号为06.05.02.01）中按生产需要适量使用，铝的残留量≤200mg/kg（干样品，以Al计）。干制粉皮和湿制、粉皮类产品的生产原料、加工工艺与粉丝、粉条基本一致，仅产品形态不同，可参照该公告中硫酸铝钾、硫酸铝铵在粉丝、粉条中的使用规定执行。

4.2.8 粽子等水蒸类糕点中的食品添加剂使用如何执行

《食品安全国家标准 食品添加剂使用标准》（GB 2760-2014）已对食品添加剂碳酸钠的使用做出明确规定。该标准中附录F食品分类系统，主要以食品生产所使用的原料情况为基础，结合食品生产加工工艺特点的原则进行划

分。食品分类系统中"07.02.04中式糕点（月饼除外）"涵盖了水蒸类糕点。根据生产产品原料、加工工艺等特点可以归类为水蒸类糕点的，可以按照GB 2760-2014中中式糕点的规定使用食品添加剂。

4.2.9 食品加工过程中是否允许使用过氧化氢

自2015年5月24日起实施的GB 2760将过氧化氢列入了《各类食品加工过程中使用残留量不需限定的加工助剂名单（不含酶制剂）》，同时规定食品工业用加工助剂是指保证食品加工能顺利进行的各种物质，与食品本身无关，如助滤、澄清、吸附、脱模、脱色、脱皮、提取溶剂、发酵用营养物质等。加工过程中使用过氧化氢是为了对终产品发挥漂白、防腐等作用则不符合GB 2760加工助剂的使用原则。

4.2.10 水产加工品中的食品添加剂使用如何执行

GB 2760规定了苯甲酸、二氧化硫以及硫酸铝钾、硫酸铝铵等作为食品添加剂的使用规定，目前标准里未规定水产加工品中苯甲酸、二氧化硫、铝等指标的限量值。

海米属于水产加工品，未规定上述食品添加剂用于海米类水产加工品产品。

4.2.11 "辅食营养补充品"在GB 2760中属于哪类

GB 2760食品分类中，辅食营养补充品属于13.05"其他特殊膳食用食品"，不属于13.01"婴幼儿配方食品"，其食品添加剂的使用应当符合该标准规定。

4.2.12 婴幼儿谷类辅助食品除了可以添加香兰素以外，能否添加其他香料

2008年原卫生部第21号公告明确规定了婴幼儿谷类辅助食品中食品用香料的使用规定，综合该公告和GB 2760附录B的规定，婴幼儿谷类辅助食品中

只能使用香兰素，不能添加其他香料。香兰素的最大使用量为7mg/100g，其中100g以即食食品计，生产企业可以按照冲调比例折算成谷类辅助食品中的使用量。

4.2.13 食品工业用加工助剂是否可与其他食品添加剂复配生产复配食品添加剂

根据GB 2760的相关规定，食品工业用加工助剂只适用于食品的生产加工过程，不适用于食品添加剂的生产加工过程。加工助剂可以与其他食品添加剂经物理方法混合生产复配食品添加剂，但加工助剂的使用应符合其使用原则，生产的复配食品添加剂应符合GB 26687-2011《食品安全国家标准 复配食品添加剂通则》的规定。

4.2.14 GB 2760-2014实施日期该如何执行

《食品安全国家标准 食品添加剂使用标准》（GB 2760-2014）于2015年5月24日正式实施。关于食品添加剂名称修改带来的旧版标签标识问题，在不影响食品安全的前提下，2016年6月30日前生产的食品，允许其标签标识继续使用GB 2760-2011规定的食品添加剂名称，并在保质期内继续销售；2016年6月30日起，食品生产企业必须按照GB 2760-2014规定的食品添加剂名称进行标签标识。

4.3 关于GB 2760-2014的增补公告

国家卫生计生委发布的食品添加剂公告，自发布之日起正式实施。发布之日之后生产的食品产品应按公告执行，发布之日之前生产的产品仍按原规定执行。

截至2016年10月30日，GB 2760-2014发布实施后，国家卫生计生委共发布了3个食品添加剂增补公告，分别如下。

国家卫生计生委关于批准 β−半乳糖苷酶为食品添加剂新品种等的公告
（2015年　第1号）

关于海藻酸钙等食品添加剂新品种的公告（2016年　第8号）

关于抗坏血酸棕榈酸酯（酶法）等食品添加剂新品种的公告（2016年　第9号）

增补公告中涉及新增食品添加剂品种共15个，扩大使用范围及使用量的食品添加剂品种34个。为便于查找使用，食品添加剂新品种的使用规定见表4-13；扩大使用范围和使用量的按照食品添加剂功能类别整理列表，分别见表4-14~表4-18。

表4-13　食品添加剂新品种的使用范围及最大使用量

添加剂名称	功能类别	食品分类号	食品名称	最大使用量（g/kg）	备注
海藻酸钙（又名褐藻酸钙）	增稠剂、稳定和凝固剂	06.03.02	小麦粉制品	5.0	
		07.01	面包	5.0	
皂树皮提取物	乳化剂	14.02.03	果蔬汁（浆）类饮料	0.05	按皂素计，固体饮料按稀释倍数增加使用量
		14.03	蛋白饮料	0.05	按皂素计，固体饮料按稀释倍数增加使用量
		14.04	碳酸饮料	0.05	按皂素计，固体饮料按稀释倍数增加使用量
		14.07	特殊用途饮料	0.05	按皂素计，固体饮料按稀释倍数增加使用量
		14.08	风味饮料	0.05	按皂素计，固体饮料按稀释倍数增加使用量
磷酸（湿法）	酸度调节剂	14.04.01	可乐型碳酸饮料	5.0	以 PO_4^{3-} 计
酒石酸铁	抗结剂	12.01	盐及代盐制品	0.106	最大使用量以酒石酸铁含量计

续表

添加剂名称	功能类别	食品分类号	食品名称	最大使用量（g/kg）	备注
茶黄素	抗氧化剂	02.0	脂肪、油和乳化脂肪制品	0.4	
		02.01	基本不含水的脂肪和油	0.4	
		04.05.02.01	熟制坚果与籽类（仅限油炸坚果与籽类）	0.2	
		04.05.02.03	坚果与籽类罐头	0.2	
		05.02.01	胶基糖果	0.4	
		06.03.02.05	油炸面制品	0.2	
		06.06	即食谷物，包括碾轧燕麦（片）	0.2	
		06.07	方便米面制品	0.2	
		07.0	焙烤食品	0.4	
		08.02	预制肉制品	0.3	
		08.03	熟肉制品	0.3	
		09.0	水产及其制品（包括鱼类、甲壳类、贝类、软体类、棘皮类等水产及其加工制品等）	0.3	
		09.03	预制水产品（半成品）	0.3	
		12.10	复合调味料	0.1	
		14.03.02	植物蛋白饮料	0.1	
		14.04	碳酸饮料	0.2	
		14.06	固体饮料	0.8	

续表

添加剂名称	功能类别	食品分类号	食品名称	最大使用量（g/kg）	备注
茶黄素	抗氧化剂	14.07	特殊用途饮料	0.2	
		14.08	风味饮料	0.2	
		14.09	其他类饮料	0.2	
		16.01	果冻	0.2	如用于果冻粉，按冲调倍数增加使用量
		16.02.02	茶制品（包括调味茶和代用茶）	0.2	
		16.06	膨化食品	0.2	
2(4)-乙基-4(2),6-二甲基二氢-1,3,5-二噻嗪	食品用香料	—	配制成食品用香精适用于各类食品（GB 2760-2014表B.1食品类别除外）	按生产需要适量使用	
3-庚二氢-5-甲基-2(3H)-呋喃酮	食品用香料	—	配制成食品用香精适用于各类食品（GB 2760-2014表B.1食品类别除外）	按生产需要适量使用	
香兰醇	食品用香料	—	配制成食品用香精适用于各类食品（GB 2760-2014表B.1食品类别除外）	按生产需要适量使用	
6-[5(6)-癸烯酰氧基]癸酸	食品用香料	—	配制成食品用香精适用于各类食品（GB 2760-2014表B.1食品类别除外）	按生产需要适量使用	

续表

添加剂名称	功能类别	食品分类号	食品名称	最大使用量（g/kg）	备注
葡萄糖基甜菊糖苷	食品用香料	—	配制成食品用香精适用于各类食品（GB 2760-2014表B.1食品类别除外）	按生产需要适量使用	
抗坏血酸棕榈酸酯（酶法）	抗氧化剂	02.0	脂肪、油和乳化脂肪制品	0.2	
		02.01	基本不含水的脂肪和油	0.2	
3-{1-[（3,5-二甲基-1，2-噁唑-4-基)甲基]-1H-吡唑-4-基}-1-（3-羟基苄基）咪唑啉-2，4-二酮	食品用香料	—	配制成食品用香精适用于各类食品（GB 2760-2014表B.1食品类别除外）	按生产需要适量使用	
4-氨基-5-［3-（异丙基氨基)-2，2-二甲基-3-氧代丙氧基］-2-甲基喹啉-3-羧酸硫酸盐	食品用香料	—	配制成食品用香精适用于各类食品（GB 2760-2014表B.1食品类别除外）	按生产需要适量使用	
β-半乳糖苷酶	酶	—	—	—	来源于两歧双歧杆菌
6-甲基辛醛	食品用香料（合成）	—	—	应符合GB 2760中附录B食品用香料使用规定	

表4-14　扩大使用范围和使用量的食品添加剂（着色剂）

添加剂名称	食品分类号	食品名称	最大使用量
亮蓝及其铝色淀	07.02.04	糕点上彩装	0.025g/kg（以亮蓝计）
二氧化钛	16.03	胶原蛋白肠衣	按生产需要适量使用
焦糖色（普通法）	04.04.01.03	豆干再制品	按生产需要适量使用
辣椒红	04.03.02.03	腌渍的食用菌和藻类	按生产需要适量使用
	04.04.01.02	豆干类	
	09.04.02	经烹调或油炸的水产品	
植物炭黑	16.03	胶原蛋白肠衣	按生产需要适量使用
紫胶（又名虫胶）	16.03	胶原蛋白肠衣	按生产需要适量使用
红曲红	10.03	蛋制品（改变其物理性状）	按生产需要适量使用
	10.04	其他蛋制品	
辣椒油树脂	04.04.01.02	豆干类	按生产需要适量使用
	04.04.01.03	豆干再制品	
	04.04.01.05	新型豆制品（大豆蛋白及其膨化食品、大豆素肉等）	按生产需要适量使用
	09.04.02	经烹调或油炸的水产品	
红曲黄色素	10.02.01	卤蛋	按生产需要适量使用

表4-15　扩大使用范围和使用量的食品添加剂（防腐剂、抗氧化剂）

添加剂名称	食品分类号	食品名称	最大使用量
焦亚硫酸钾	15.02	配制酒	0.25g/L（以二氧化硫残留量计）
二甲基二碳酸盐（又名维果灵）	14.08	风味饮料	0.25g/kg（固体饮料按稀释倍数增加使用量）
抗坏血酸棕榈酸酯	14.05.01	茶（类）饮料	0.2g/kg（固体饮料按稀释倍数增加使用量）
特丁基对苯二酚（TBHQ）	07.02	糕点	0.2g/kg（以油脂中的含量计）

续表

添加剂名称	食品分类号	食品名称	最大使用量
山梨酸钾	02.02.02	脂肪含量80%以下的乳化制品	1.0g/kg（以山梨酸计）
	09.03.02	腌制水产品（仅限即食海蜇）	
焦亚硫酸钠	04.02.02.04	蔬菜罐头	0.05g/kg（以二氧化硫残留量计）
	09.01	鲜水产（仅限于海水虾蟹类及其制品）	0.1g/kg（以二氧化硫残留量计）
	09.02	冷冻水产品及其制品（仅限于海水虾蟹类及其制品）	
抗坏血酸（维生素C）	14.02.01	果蔬汁（浆）	1.5g/kg
迷迭香提取物	12.10.01	固体复合调味料	0.7g/kg
迷迭香提取物（超临界二氧化碳萃取法）	12.10.01	固体复合调味料	0.7g/kg
	12.10.02	半固体复合调味料	0.3g/kg
	12.10.03	液体复合调味料（不包括12.03，12.04）	0.3g/kg
二甲基二碳酸盐（又名维果灵）	14.04.02.01	特殊用途饮料（包括运动饮料、营养素饮料等）	0.25g/kg（固体饮料按稀释倍数增加使用量）

表4-16 扩大使用范围和使用量的食品添加剂（膨松剂）

添加剂名称	食品分类号	食品名称	最大使用量
硫酸铝钾（又名钾明矾）、硫酸铝铵（又名铵明矾）	06.05.02.01	粉丝、粉条	按生产需要适量使用，铝的残留量≤200mg/kg（干样品，以Al计）

表4-17　扩大使用范围和使用量的食品添加剂（食品工业用加工助剂）

添加剂名称/功能	食品名称	最大使用量
焦亚硫酸钠/黏度调节剂	大豆蛋白的加工工艺（仅限大豆分离蛋白，大豆浓缩蛋白）	0.03g/kg（以二氧化硫残留量计）
辛，癸酸甘油酯/防黏剂	巧克力和巧克力制品加工工艺	0.08g/kg
硅酸钙/助滤剂	煎炸油加工工艺	40g/kg
不溶性聚乙烯聚吡咯烷酮/吸附剂	茶（类）饮料加工工艺	按生产需要适量使用
聚二甲基硅氧烷及其乳液/消泡剂	薯类加工工艺	按生产需要适量使用
氧化亚氮/助推剂（扩大使用范围）	稀奶油（淡奶油）及其类似品的加工工艺	/

表4-18　扩大使用范围和使用量的食品添加剂（其他功能的添加剂）

添加剂名称/功能	食品分类号	食品名称	最大使用量
L（+）-酒石酸/酸度调节剂	05.02	糖果	30g/kg（酒石酸计）
木松香甘油酯/乳化剂（新品种）	05.03	糖果和巧克力制品包衣	0.32g/kg
山梨糖醇和山梨糖醇液/水分保持剂（扩大使用量）	09.02.03	冷冻鱼糜制品（包括鱼丸等）	20g/kg
焦亚硫酸钠/护色剂	04.02.02.04	蔬菜罐头	0.05g/kg（以二氧化硫残留量计）
可得然胶/稳定和凝固剂、增稠剂	01.02.02	风味发酵乳	按生产需要适量使用
	03.01	冰淇淋、雪糕类	
	05.02.01	胶基糖果	
	12.10.02.01	蛋黄酱、沙拉酱	
	14.03.02	植物蛋白饮料	
	14.06.04	其他固体饮料	

续表

添加剂名称/功能	食品分类号	食品名称	最大使用量
辣椒油树脂/增味剂	04.04.01.02	豆干类	按生产需要适量使用
	04.04.01.03	豆干再制品	
	04.04.01.05	新型豆制品（大豆蛋白及其膨化食品、大豆素肉等）	
	09.04.02	经烹调或油炸的水产品	
异麦芽酮糖/甜味剂	05.01.02	巧克力与巧克力制品，除05.01.01以外的可可制品	按生产需要适量使用
	05.01.03	代可可脂巧克力及使用可可脂代用品的巧克力类似产品	
	05.03	糖果和巧克力制品包衣	
	06.10	粮食制品馅料	
	07.04	焙烤食品馅料及表面用挂浆	
阿拉伯胶/其他	12.01	盐及代盐制品	按生产需要适量使用
磷酸/酸度调节剂	15.02	配制酒	5.0g/kg，最大使用量以磷酸根（PO_4^{3-}）计
焦磷酸钠/抗结剂、水分保持剂	09.04	熟制水产品（可直接食用）	5.0g/kg，可单独或与六偏磷酸钠混合使用，最大使用量以磷酸根（PO_4^{3-}）计
六偏磷酸钠/抗结剂、水分保持剂	09.04	熟制水产品（可直接食用）	5.0g/kg，可单独或与焦磷酸钠混合使用，最大使用量以磷酸根（PO_4^{3-}）计

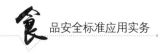

4.4 示例分析

4.4.1 带入原则的应用

例1 产品名称：鹌鹑蛋

配料表：鹌鹑蛋、食用盐、酱油（含焦糖色）、白砂糖、黄酒、味精、香辛料

执行标准：GB/T 23970

某检测机构在检测鹌鹑蛋产品时，检出了食品添加剂苯甲酸为0.012g/kg，依据GB 2760，卤蛋中不允许使用苯甲酸，但是产品配料表中添加了酱油，依据GB 2760规定酱油中允许添加苯甲酸，酱油中苯甲酸的最大使用量为1.0g/kg，结合企业提供的配方（该产品配料中酱油的使用量占配料总量的4%），符合GB 2760的带入原则，折算产品中苯甲酸的限量值为0.04g/kg，不能判定该项目不合格。

例2 某公司生产的南瓜饼，配料表标注为：白糯米粉、饮用水、淀粉、白砂糖、食用葡萄糖、南瓜、面粉类裹炸粉（小麦粉、饮用水、酵母、食用盐、柠檬黄、日落黄）、食品添加剂（碳酸氢钠、辣椒红）。

检测机构检测出南瓜饼产品中柠檬黄0.0042g/kg，日落黄0.0062g/kg，并依据GB 2760中的不得使用规定进行了判定。企业提出了异议，称检出的柠檬黄、日落黄是裹炸粉带入。依据GB 2760，裹粉中柠檬黄、日落黄最大使用量0.3g/kg。企业提供裹炸粉使用量为4%，经过计算，允许带入的最大量为0.012g/kg，依据食品添加剂带入原则，南瓜饼产品属于合格产品。

依据GB 2760规定：表A.1中列出的同一功能的食品添加剂（相同色泽着色剂、防腐剂、抗氧化剂）在混合使用时，各自用量占其最大使用量的比例之和不应超过1，计算如下。

$$\frac{0.0042}{0.012} + \frac{0.0062}{0.012} = 0.87 < 1, \text{属于合理带入}$$

如果企业提供裹炸粉使用量为3%，则允许带入的最大量为0.009g/kg，不属于合理带入。

4.4.2 食品类别的界定

例1 某企业加工馒头时，按照蒸煮类糕点取得生产许可，在生产过程中按照糕点中的食品添加剂的使用规定使用了甜蜜素。而馒头类产品在GB 2760分类中归属于发酵面制品，这类产品不允许使用甜蜜素。

食品生产企业在使用食品添加剂时，应按照GB 2760的规定执行。

例2 玉米年糕产品生产投料为：每扎(企业内部生产计量单位)玉米年糕投入大米650kg、玉米260kg、β-胡萝卜素330g(以干粉计)。GB 2760-2014中规定大米及其制品不得使用β-胡萝卜素，杂粮制品可以适量添加β-胡萝卜素。

根据"玉米年糕"的生产原料、工艺等信息，该产品属于GB 2760-2014附录F"食品分类系统"中"06.02大米及其制品"类别。

4.4.3 食品配料中添加剂的使用

某植物油产品是某蛋糕的配料，为了方便蛋糕的生产，这种植物油添加了在蛋糕生产过程中起着色作用的β-胡萝卜素，根据GB 2760规定，β-胡萝卜素不能在植物油中使用，但它可以作为着色剂在焙烤食品中使用，最大使用量为1.0g/kg，因此在这种用于该蛋糕生产的植物油中可以添加β-胡萝卜素，且β-胡萝卜素在植物油中的添加量换算到蛋糕中时不超过1.0g/kg。植物油的标签上应该标明"焙烤食品生产用植物油"。

4.4.4 白酒中纽甜的使用

2016年2月，某检测机构在检测白酒产品时检出了纽甜0.00086g/kg，该

产品生产日期标注为"2015-02-14"，执行标准标注为"GB/T 20822"，产品类型标注为"固液法白酒"，该检测机构依据GB 2760-2014判定该产品为不合格。

纽甜在GB 2760-2011标准中规定为"按生产需要适量使用"，但该标准已经废止，被GB 2760-2014替代，新标准实施时间为2015年5月24日，且对纽甜规定为"不得使用"。鉴于该白酒产品生产日期在新标准实施之前，该检测机构不能判定该项目不合格。

4.4.5　过氧化氢的使用

某企业在生产油炸鸡爪的过程中，使用了过氧化氢，改善了产品外观，使鸡爪表面呈现吸引人的金黄色，是否符合GB2760的规定？

过氧化氢对终产品发挥漂白剂和防腐剂的功能，用于改善终产品的色泽，延长产品保质期。这种情况不符合GB 2760加工助剂的定义和使用原则。

第**5**章

《食品安全国家标准　食品中真菌毒素限量》
（GB 2761–2011）

5.1　实施要点

5.1.1　应用原则

本标准在应用中应遵循以下原则：无论是否制定真菌毒素限量，食品生产和加工者均应采取控制措施，使食品中真菌毒素的含量达到最低水平；本标准列出了可能对公众健康构成较大风险的真菌毒素，制定限量值的食品是对消费者膳食暴露量产生较大影响的食品；食品类别（名称）说明（附录A）用于界定真菌毒素限量的适用范围，仅适用于本标准，当某种真菌毒素限量应用于某一食品类别（名称）时，则该食品类别（名称）内的所有类别食品均适用，有特别规定的除外；食品中真菌毒素限量以食品通常的可食用部分计算，有特别规定的除外；干制食品中真菌毒素限量以相应食品原料脱水率或浓缩率折算，脱水率或浓缩率可通过对食品的分析、生产者提供的信息以及其他可获得的数据信息等确定。

5.1.2　标准的适用范围

GB 2761规定了黄曲霉毒素、脱氧雪腐镰刀菌烯醇、展青霉素等6种真菌毒素的限量指标，涉及水果及其制品、谷物及其制品、豆类及其制品、坚果及籽类、乳及乳制品、油脂及其制品、调味品、饮料类、酒类、特殊膳食用食品10大类食品。

5.1.3 可食用部分的定义

可食用部分是食品原料经过机械手段（如谷物碾磨、水果剥皮、坚果去壳、肉去骨、鱼去刺、贝去壳等）去除非食用部分后，所得到的用于食用的部分。其中需要注意的是非食用部分的去除不可采用任何非机械手段（如粗制植物油精炼过程）。此外，用相同的食品原料生产不同产品时，可食用部分的量根据生产工艺的不同而异。例如：用麦类加工麦片和全麦粉时，可食用部分为100%；加工小麦粉时，可食用部分按出粉率折算。

5.1.4 食品类别（名称）说明

食品类别（名称）说明（附录A）借鉴了CAC《食品和饲料中污染物和毒素通用标准》中的食品分类系统，参考了我国现有食品分类，并结合我国食品中真菌毒素的污染状况制定，用于界定真菌毒素限量的适用范围。当某种真菌毒素限量应用于某一食品类别（名称）时，则该食品类别（名称）内的所有类别食品均适用，有特别规定的除外。附录A主要用于界定真菌毒素限量的适用范围，即确定真菌毒素限量针对的食品范围。

5.1.5 谷类制品中脱氧雪腐镰刀菌烯醇限量

鉴于清理、研磨等食品工艺对玉米、小麦等谷物中真菌毒素污染有降低作用，因此，GB 2761仅对玉米、玉米面（渣、片）、大麦、小麦、麦片、小麦粉规定了脱氧雪腐镰刀菌烯醇限量要求，未延伸至相关制品。应通过加强原料控制，确保使用合格原料、改进加工工艺等方式做好小麦粉制品、玉米制品中脱氧雪腐镰刀菌烯醇含量的控制。

5.2 示例分析

5.2.1 花生类糖果中黄曲霉毒素B₁判定

某检测机构在市场上抽检了一批添加了花生的糖果，检测结果显示黄曲霉毒素B₁含量为25μg/kg，是否可以按照GB 2761中花生及其制品的限量进行判定？

添加花生制成的糖果不属于GB 2761中"花生及其制品"所涵盖的范畴。花生及其制品属于坚果及籽类大类，添加了花生的糖果尽管含有花生，但其类别属于糖果。因此，不能按照"花生及其制品"黄曲霉毒素B₁的限量要求直接判定花生糖果。对于添加了花生的糖果中黄曲霉毒素B₁污染问题，应查找污染来源，加强对花生等原料中黄曲霉毒素B₁的检测管控，确保花生等原料符合GB 2761的相应规定。

5.2.2 纯芝麻酱中真菌毒素指标判定

2016年7月，某检测机构在市场上抽检了一批纯芝麻酱，GB 2761中是否对其有黄曲霉毒素B₁的限量要求？

GB 2761中未制定纯芝麻酱中黄曲霉毒素B₁的限量要求。

首先，应在GB 2761附录A中找到纯芝麻酱所归属的类别，如表5-1所示，表格中尽管未明确列出纯芝麻酱，但花生酱与芝麻酱产品性质类似，应归属于同一大类，因此确定纯芝麻酱属于"坚果及籽类的泥（酱）"。

表5-1 GB 2761附录A中坚果及籽类分类

坚果及籽类	新鲜坚果及籽类 　　木本坚果（树果） 　　油料（不包括谷物种子和豆类） 　　饮料及甜味种子（例如可可豆、咖啡豆等） 坚果及籽类制品 　　熟制坚果及籽类（带壳、脱壳） 　　包衣的坚果及籽类 　　坚果及籽类罐头 　　坚果及籽类的泥（酱），包括花生酱等 　　其他坚果及籽类制品（例如腌渍的果仁等）

食品产品类别明确后，在标准正文中查找与"坚果及籽类的泥（酱）"相关的限量要求，GB 2761中未对坚果及籽类的泥（酱）提出限量要求，仅对其中的花生酱有黄曲霉毒素B_1的限量要求。因此，目前我国限量标准中未对纯芝麻酱提出真菌毒素的限量要求，可将纯芝麻酱中真菌毒素指标作为风险监测项目进行检测，以防终产品污染。

第6章

《食品安全国家标准 食品中污染物限量》
（GB 2762–2012）

6.1 实施要点

6.1.1 实施原则

本标准在实施中应当遵循以下原则：一是食品生产企业应当严格依据法律法规和标准组织生产，符合食品污染物限量标准要求；二是对标准未涵盖的其他食品污染物，或未制定限量管理值或控制水平的，食品生产者应当采取控制措施，使食品中污染物含量达到尽可能的最低水平；三是重点做好食品原料污染物控制，从食品源头降低和控制食品中污染物；四是鼓励生产企业采用严于GB 2762的控制要求，严格生产过程食品安全管理，降低食品中污染物的含量，推动食品产业健康发展。

6.1.2 标准的适用范围

GB 2762规定了铅、镉、汞、砷等7种重金属，苯并［a］芘、N–二甲基亚硝胺等4种有机污染物，以及亚硝酸盐、硝酸盐2种化学危害物质共13种污染物的限量规定，涉及水果及其制品、蔬菜及其制品、食用菌及其制品、谷物及其制品、豆类及其制品、藻类及其制品、坚果及籽类等22类食品，共设定160余项限量指标。

GB 2762标准文本附录A食品类别（名称）是该标准适用的食品范围，该标准不适用于饲料、食品添加剂、食品营养强化剂、食品相关产品、保健食

品等。人为有意加入食品中的化学物质不符合污染物定义，其残留限量不属于GB 2762管理范畴。

6.1.3 污染物的定义

食品污染物是食品从生产（包括农作物种植、动物饲养和兽医用药）、加工、包装、贮存、运输、销售直至食用等过程中产生的或由环境污染带入的、非有意加入的化学性危害物质。我国对食品中农药残留限量、兽药残留限量、真菌毒素限量、放射性物质限量另行制定相关食品安全国家标准，因此，新的GB 2762标准不包括农药残留、兽药残留、生物毒素和放射性物质限量指标。

6.1.4 可食用部分的定义

可食用部分是食品原料经过机械手段去除非食用部分后，所得到的用于食用的部分。引入此概念一是有利于重点加强食品可食用部分加工过程管理，防止和减少污染，提高了标准的针对性；二是可食用部分客观反映了居民膳食消费实际情况，提高了标准的科学性和可操作性。以香蕉为例，由于人们一般不食用香蕉皮，因此在对香蕉进行污染物指标检测时，应去皮检测其可食用部分，从而与标准中的限量相对应。而农药残留则不同，香蕉的农残检测需要测定全蕉，即测定包括香蕉皮的完整香蕉。

这里强调非食用部分的去除是使用机械手段，如谷物碾磨、水果剥皮、坚果去壳、肉去骨、鱼去刺、贝去壳等，而不可采用任何非机械手段，如粗制植物油（毛油）通过加入加工助剂而得到精炼植物油，水分的蒸发等。这里采用"机械手段"一词进行描述主要为了区分于化学手段、水分蒸发等物理手段，并非指只能机器加工。

此外，用相同的食品原料生产不同产品时，可食用部分的量根据生产工艺的不同而异。例如，用麦类加工麦片和全麦粉时，可食用部分为100%；加工小麦粉时，可食用部分按出粉率折算（如80粉的可食用部分为80%，70粉的可食用部分为70%）。

6.1.5 食品类别（名称）说明

食品类别（名称）说明（附录A）借鉴了CAC《食品和饲料中污染物和毒素通用标准》中的食品分类系统，参考了我国现有食品分类，并结合我国食品中污染物的污染状况制定，用于界定污染物限量的适用范围，仅适用于GB 2762。当某种污染物限量应用于某一食品类别（名称）时，则该食品类别（名称）内的所有类别食品均适用，有特别规定的除外。制定附录A主要用于界定污染物限量的适用范围，即确定污染物限量针对的食品范围。

此食品类别（名称）说明因考虑了食品中污染物的污染规律，有些类别分类不同于一般分类的理解，例如，在附录A中将薯类归到了块根和块茎蔬菜类别中，将"稀奶油、奶油、无水奶油"归入动物油脂类别。为避免将附录A误解为通用的食品分类方式，该类别（名称）说明虽采用了分级分类的方法，但未采用食品分类号，而仅通过次级类比上一级向后空出两个字的方式来表示。

GB 2762附录A涉及22大类食品。每大类下分为若干亚类，依次分为次亚类、小类等，以水果及其制品为例（见表6-1）。

表6-1 食品类别（名称）说明中的水果及其制品

水果及其制品	新鲜水果（未经加工的、经表面处理的、去皮或预切的、冷冻的水果） 　　浆果和其他小粒水果 　　其他新鲜水果（包括甘蔗） 水果制品 　　水果罐头 　　水果干类 　　醋、油或盐渍水果 　　果酱（泥） 　　蜜饯凉果（包括果丹皮） 　　发酵的水果制品 　　煮熟的或油炸的水果 　　水果甜品 　　其他水果制品

6.1.6 限量指标的查找方法

在掌握了标准定位、术语定义及应用原则的基本含义后，当查阅GB 2762表格中限量指标时，需注意表格中的食品类别的层级，如某种污染物限量应用于某一种的食品类别时，则该食品类别下的所有细分类别均应符合此限量规定，另有规定的除外。同样，如对某一亚类制定了污染物限量，则其下的所有此类食品均应符合此限量规定。

对于未制定食品大类限量的指标，是指目前不适宜对此食品大类制定统一的污染物限量值，而对其中具体类别制定了相应的限量规定，或者仅对此大类下某类膳食暴露量贡献率较大的食品制定了限量规定。以表6-2为例，可见谷物及其制品大类没有对应的限量指标，而是该类属下面的谷物、谷物碾磨加工品分别制定了限量，其中稻谷、糙米、大米又有其污染特殊性，单独制定了相应限量。

表6-2　食品中镉限量指标

食品类别（名称）	限量（以Cd计）mg/kg
谷物及其制品	
谷物（稻谷除外）	0.1
谷物碾磨加工品（糙米、大米除外）	0.1
稻谷、糙米、大米	0.2
蔬菜及其制品	
新鲜蔬菜（叶菜蔬菜、豆类蔬菜、块根和块茎蔬菜、茎类蔬菜除外）	0.05
叶菜蔬菜	0.2
豆类蔬菜、块根和块茎蔬菜、茎类蔬菜（芹菜除外）	0.1
芹菜	0.2

在查找限量指标时，还需要注意与食品类别（名称）说明（附录A）的对应，例如谷物碾磨加工品的范围界定可在附录A中找到具体的产品名称。附录A有助于进一步明确该限量指标所涉及的食品类别范围。

6.2 常见问题释疑

6.2.1 干制食品污染物限量如何执行

GB 2762-2012颁布之前，产品标准中的污染物指标较少考虑脱水因素对污染物含量的影响，如表6-3所示，产品标准中鲜肉和熟肉干制品的镉限量值都是0.1mg/kg，鲜鱼和鱼类干制品的铅限量值都是0.5mg/kg。

表6-3 产品标准中关于干、鲜制品的污染物指标示例

标准名称（标准号）	食品类别	限量（mg/kg）
食品中污染物限量（GB 2762-2005）	畜禽肉类	镉≤0.1
熟肉制品卫生标准（GB 2726-2005）	熟肉干制品	镉≤0.1
食品中污染物限量（GB 2762-2005）	鱼类	铅≤0.5
动物性水产干制品卫生标准（GB 10144-2005）	鱼类干制品	铅≤0.5

食品经过脱水、腌制、晒干或浓缩等加工工艺制成的干制食品，其污染物含量明显高于食品原料。为明确干制食品污染物含量计算和判定GB 2762参考了欧盟、澳新标准中的相应条款，规定了"干制食品中污染物限量以相应食品原料脱水率或浓缩率折算。脱水率或浓缩率可通过对食品的分析、生产者提供的信息以及其他可获得的数据信息等确定"的应用原则。因此，GB 2762正文表格中的限量，除有明确规定以"干重计"外，均指鲜品或非干制品的加工制品，相应的干制品应根据鲜品的限量结合脱水率或浓缩率折算。干制食品的脱水率或浓缩率是指干制食品重量与其相应新鲜食品原料重量的比值。

在实际操作时，如何获得脱水率或浓缩率是关键。由于不同食品类别、不同加工手段对脱水率都有影响，在国家层面的基础标准中不可能一一给出具体的脱水率，需要通过对食品的分析、生产者提供的信息以及其他可获得的数据信息等确定。如干制食品重量及其相应新鲜食品原料重量无法通过实测获得而是采用相关资料估算，则应尽可能采用公认的科学依据，例如《中国食物成分表》等。

该条原则仅针对干制品与鲜品水分差异较大的食品，对于山核桃、咸干花生等这类干制的坚果及籽类，其干制过程中水分变化小，在限量值设置时已考虑了制品加工可能造成的影响，无需按脱水率折算。

6.2.2　松茸中的污染物限量如何执行

松茸对于污染物的富集性有别于一般食用菌，GB 2762中相关限量不适用于松茸及其制品。根据《食品安全法》有关规定，对于地方特色食品，可研究制定松茸相关食品安全地方标准。

6.2.3　枸杞中的污染物限量如何执行

枸杞中污染物限量可按照GB 2762对浆果和其他小粒水果的污染物限量要求执行。

对于枸杞干制品，根据GB 2762第3.5项干制食品中污染物限量折算的规定，枸杞干制品的污染物限量应当以新鲜枸杞的污染物限量结合其加工脱水率进行折算。

6.2.4　黄花菜中镉限量如何执行

鉴于我国居民黄花菜的食用量远低于叶菜蔬菜和芹菜，结合黄花菜中镉含量数据的分析，为更大限度地保护消费者健康，第一届食品安全国家标准审评委员会污染物分委员会第六次会议认可了黄花菜中镉限量参照叶菜蔬菜及芹菜中镉限量执行的建议。

根据委员会讨论结果，国家卫生计生委于2014年发布了《国家卫生计生委办公厅关于黄花菜中镉限量问题的复函》（国卫办食品函〔2014〕377号），明确了黄花菜中镉限量参照叶菜蔬菜及芹菜中镉限量执行，即黄花菜中镉含量应小于等于0.2mg/kg。

6.2.5　食品中铬限量如何执行

国际食品法典委员会、主要发达国家以及我国的污染物制定原则都是仅对可能构成较大公众健康风险的危害物质制定限量标准，并且限量标准涉及的食品应是对消费者膳食暴露量产生较大影响的食品。污染物限量标准不是判定食品中某种化学物质本底含量的依据，也不适宜作为判定是否存在非法添加等违法行为的依据。

关于食品中铬污染，CAC、美国、日本、澳大利亚和新西兰和我国台湾地区未规定食品中铬限量；欧盟仅规定了明胶、胶原蛋白中铬限量；香港规定了谷类、蔬菜、鱼、蟹、蚝、明虾、小虾、动物肉类和家禽肉类中铬限量。我国根据食品安全风险评估情况，GB 2762规定了部分食品中铬限量要求，涉及谷物及其制品、蔬菜及其制品、豆类及其制品、肉及肉制品、水产动物及其制品等6大类食品，已基本覆盖了由于天然污染造成的膳食铬暴露的主要来源。

对于明胶中可能的铬污染，依照《食品安全国家标准 食品添加剂 明胶》（GB 6783-2013）规定，可使用动物的骨、皮、筋、腱和鳞作为食用明胶的原料，该标准还规定铬限量为≤2mg/kg。因此使用了明胶的产品，其明胶及其他食品原料中铬含量应符合GB 6783和GB 2762的规定，终产品中铬的含量及来源可按照GB 2762、GB 6783的规定综合分析和查找。

6.2.6 为什么删除了食品中硒限量

硒是人体必需微量元素，但过量硒摄入也会对人体产生不良健康效应。除极个别地区外，我国大部分地区是硒缺乏地区。《食品中污染物限量》（GB 2762-2005）将硒作为污染物进行限量规定，同时为确保缺硒人群硒元素摄入，GB 14880也规定在特定食品种类中，可按照规定强化量对食品进行强化。

随着对硒的科学认识不断深入，CAC和多数国家、地区将硒从食品污染物中删除。我国实验室检测、全国营养调查和总膳食研究数据显示，各类地区居民硒摄入量较低，20世纪60年代以来，我国极个别发生硒中毒地区通过采取相关措施有效降低了硒摄入，地方性硒中毒得到了很好控制，多年来未发现硒中毒

现象。因此，2011年原卫生部（现国家卫生计生委）取消《食品中污染物限量》（GB 2762-2005）中硒指标（2011年第3号公告），不再将硒作为食品污染物控制。

6.2.7 为什么删除了食品中铝限量

《食品中污染物限量》（GB 2762-2005）曾规定了面制食品中铝残留限量，其限量值与《食品安全国家标准　食品添加剂使用标准》（GB 2760-2011）小麦粉制品中硫酸铝钾及硫酸铝铵使用造成的铝的残留限量一致，都为100mg/kg。

2012年初所发布的《中国居民膳食铝暴露风险评估》报告指明了食品中使用的含铝添加剂是人类膳食铝暴露的主要来源，我国居民膳食铝的平均暴露水平中含铝添加剂食品的贡献占总摄入量的75%。饮用水和食品中本底含有的铝对人群膳食铝暴露的贡献很低。

因此，在《食品安全国家标准　食品中污染物限量》（GB 2762-2012）修订时，鉴于当时面制品中铝主要来源是加工过程中使用了含铝食品添加剂，并且根据评估报告的结论，目前没有制定食品中天然铝污染的管理限量的必要性，铝的膳食暴露风险应主要通过控制添加剂使用来予以管理。

铝普遍存在于食物中，关于未批注使用含铝食品添加剂的食品中检出铝的问题，需要结合食品中本底值等情况进行综合判定。

6.2.8 为什么删除了食品中氟限量

氟是人体必需的微量元素之一，但过量摄入会对人体产生不良健康效应。《食品中污染物限量》（GB 2762-2005）规定了粮食、豆类、蔬菜、水果、肉类、鱼类和蛋类食品中氟残留限量。随着对氟研究的不断深入，国际上普遍不再将氟作为食品污染物管理。

GB 2762-2012修订过程中，按照CAC对污染物的标准制定原则，经风险评估，发现粮食、豆类、蔬菜、水果、肉类、鱼类（淡水）和蛋类等食品中设定氟限量对控制过量氟摄入的作用很小，同时根据我国食品中氟的实际情况及其他标准的现况等，GB 2762-2012中取消了氟限量规定，即不再将氟作为食品污染物指标管理。对于个别地区特殊饮食习惯（如饮食砖茶）造成的高氟暴露，可按照相应标准进行有针对性的管理。

6.3 示例分析

6.3.1 风味鱼干制熟食中重金属的判定

某检测机构抽检到一批风味鱼干制熟食，该产品的重金属检测结果是按照GB 2762中水产制品限量直接判定还是折合脱水率后判定？

食品经过脱水、腌制、晒干或浓缩等生产加工工艺而制成的干制食品，其污染物含量将明显高于食品原料，与一般制品也有所不同，为确保标准的科学合理性，GB 2762-2012修订时将干制食品从普通制品中单列出来，规定了"干制食品中污染物限量以相应食品原料脱水率或浓缩率折算。脱水率或浓缩率可通过对食品的分析、生产者提供的信息以及其他可获得的数据信息等确定"的原则要求。

据了解，风味鱼干制熟食的制作工艺系采用通过盐腌、风干、晒干、烘干或熏烤的海水鱼干、淡水鱼干为原料，经清洗、油炸、调味、灌装、真空包装杀菌制成。根据风味鱼干制熟食生产工艺流程，需要3.5kg鲜、冻鱼才能制成1kg风味鱼干制熟食。尽管风味鱼干制熟食属于水产制品，但由于其是干制水产品中的一种，因此，应按照GB 2762第3.5项干制食品中污染物限量折算的有关规定判定，即其重金属限量应当以鲜、冻鱼类的镉限量并结合其加工脱水率进行折算。以镉为例，按照3.5kg鲜、冻鱼出1kg风味鱼干熟食制品，其加工脱水率为3.5，鉴于鲜、冻鱼中镉限量为0.1mg/kg，则风味鱼干熟食制品的镉限量要求应为0.35mg/kg。

6.3.2 干制食用菌中重金属的判定

某检测机构在市场上抽检了一批干制香菇，检测结果显示其镉含量为1.0mg/kg，应如何判定？

GB 2762中表2给出了食品中镉限量，其中规定鲜香菇限量为0.5mg/kg。对于干制香菇，应按照GB 2762应用原则中3.5条干制食品中污染物限量折算的规定来执行，即干制香菇的污染物限量应当以新鲜香菇的污染物限量结合其加工脱水率进行折算。根据厂家提供的证明材料得知1kg干制香菇需5kg鲜香菇加工制得，因此，该批干制香菇的加工脱水率为5，其镉限量要求应不超出2.5mg/kg。只要抽检到的产品检测结果低于2.5mg/kg，都属于合格产品。

6.3.3　干制香辛料中重金属的判定

2016年5月，某检测机构在香辛料市场上抽检了一批辣椒粉，检测结果显示其铅含量为5mg/kg，应如何判定？

应当直接按照GB 2762表1中对于香辛料的限量要求进行判定。对于香辛料类产品在标准设置时已考虑其脱水因素，不属于应用原则3.5条的应用范围。

第7章

《食品安全国家标准 食品中致病菌限量》
（GB 29921–2013）

7.1 实施要点

7.1.1 标准的适用范围

GB 29921适用于预包装食品。按照GB 7718规定，预包装食品是指预先定量包装或者制作在包装材料和容器中的食品，包括预先定量包装以及预先定量制作在包装材料和容器中并且在一定量范围内具有统一质量或体积标识的食品。

本标准不适用散装食品的致病菌限量要求。

7.1.2 标准的主要内容

根据食品基质的不同，GB 29921对肉制品、水产制品、即食蛋制品、粮食制品、即食豆类制品、巧克力类及可可制品、即食果蔬制品、饮料、冷冻饮品、即食调味品、坚果籽实制品等11类食品中沙门氏菌、单核细胞增生李斯特氏菌、大肠埃希氏菌O157:H7、金黄色葡萄球菌、副溶血性弧菌5种致病菌限量做出了规定。

7.1.3 标准的实施原则

本标准在实施中应当遵循以下原则：一是食品生产企业应当严格依据法律法规和标准组织生产，使其产品符合GB 29921标准要求；二是对标准涵盖的其他食源性致病菌，或未制定致病菌限量值的食品类别，食品生产企业应

当采取控制措施，使食品中的微生物污染达到尽可能低的水平；三是食品生产企业应严格食品安全生产过程管理，降低食品中致病菌污染的可能性，促进食品产业健康发展。

7.1.4 致病菌指标设置

（1）沙门氏菌

沙门氏菌是引起全球和我国细菌性食源性疾病暴发的主要致病菌，也是各国和国际组织食品安全标准普遍提出限量要求的致病菌。如果生产条件控制不好，该菌在蛋、奶、肉、凉拌菜中会普遍存在；即食蔬菜中也经常能检出沙门氏菌。GB 29921参考CAC、ICMSF、欧盟、澳大利亚、新西兰、美国、加拿大、香港、台湾等国际组织、国家和地区的即食食品中沙门氏菌限量标准及规定，按照二级采样方案对所有11类食品设置沙门氏菌限量规定，具体为n=5，c=0，m=0（即在被检的5份样品中，不允许任一样品检出沙门氏菌）。

（2）单核细胞增生李斯特氏菌

单核细胞增生李斯特氏菌是一种重要的食源性致病菌。鉴于我国没有充足的临床数据支持，根据我国风险监测结果，从保护公众健康角度出发，参考联合国粮农组织/世界卫生组织即食食品中单核细胞增生李斯特氏菌的风险评估报告和CAC、欧盟、ICMSF等国际组织和地区即食食品中单核细胞增生李斯特氏菌限量标准，按二级采样方案设置了高风险的即食肉制品中单核细胞增生李斯特氏菌限量规定，具体为n=5，c=0，m=0（即在被检的5份样品中，不允许任一样品检出单核细胞增生李斯特氏菌）。

（3）大肠埃希氏菌O157:H7

大肠埃希氏菌O157:H7也称肠出血性大肠埃希氏菌（EHEC O157:H7），该菌可通过污染的食品、水传播感染，其中牛肉、水果、蔬菜为最主要的传播载体。该菌主要侵袭小肠远端和结肠以及肾脏、肺、脾和大脑，引起肠黏膜水肿、出血、液体蓄积、肠黏膜脱离、肠细胞水肿坏死，也可引起肾脏、脾和大脑病变，致死率高。在美国，很多有记录的由该菌导致的食源性疾病暴发事件是由微煎的或生的汉堡包(牛肉馅)引起的，此外，还有苜蓿芽、未经巴氏消毒的果汁、干处理的意大利蒜味腊肠、生菜、野味肉、奶酪等。

我国虽无典型的预包装熟肉制品引发的大肠埃希氏菌O157:H7食源性疾病，但为降低消费者健康风险，结合风险监测和风险评估情况，按二级采样方案设置熟牛肉制品和生食牛肉制品、生食果蔬制品中大肠埃希氏菌O157:H7限量规定，具体为n=5，c=0，m=0(即在被检的5份样品中，不允许任一样品检出大肠埃希氏菌O157:H7)。

(4)金黄色葡萄球菌

金黄色葡萄球菌是我国细菌性食源性疾病的主要致病菌之一，其致病力与该菌产生的金黄色葡萄球菌肠毒素有关。该菌广泛分布于自然界，如空气、土壤、水及其他环境中，以及人或动物的皮肤、鼻腔、咽部、肠道等处。在正常人群中的带菌率可达到30%~80%，因此，其可以通过各种途径和方式，尤其是经工作人员的手和上呼吸道而污染食品，并在合适的温度环境下，大量繁殖并产生毒素，从而引起食用者中毒。

根据风险监测和评估结果，参考CAC、ICMSF等国际组织、澳大利亚、新西兰等国家、香港、台湾等地区不同类别即食食品中金黄色葡萄球菌限量标准，按三级采样方案设置肉制品、水产制品、粮食制品、即食豆类制品、即食果蔬制品、饮料、冷冻饮品及即食调味品等8类食品中金黄色葡萄球菌限量规定，具体为n=5，c=1，m=100 CFU/g(ml)，M=1000 CFU/g(ml)，即食调味品中金黄色葡萄球菌限量为n=5，c=2，m=100 CFU/g(ml)，M=10000 CFU/g(ml)。

(5)副溶血性弧菌

副溶血性弧菌是一种嗜盐性细菌，主要存在于温带地区的海水、海水沉积物和鱼虾、贝类等海产品中，是我国沿海及部分内地区域食物中毒的主要致病菌，主要污染水产制品或者交叉污染肉制品等其他食品，人食用

这些生、半生或交叉污染的海产品，可能导致急性肠胃炎、反应性关节炎等，有时甚至引起原发性败血症。其致病性与带菌量及是否携带致病基因密切相关。

结合风险监测和风险评估结果，参考ICMSF、欧盟等国际组织、加拿大、日本、澳大利亚、新西兰等国家、香港等地区的水产品中副溶血性弧菌限量标准，按三级采样方案设置水产制品、水产调味品中副溶血性弧菌的限量规定，具体为n=5，c=1，m=100 MPN/g（ml），M=1000 MPN/g（ml）。

7.1.5 标准适用的主要食品类别

（1）肉制品

GB 29921中的肉制品包括熟肉制品和即食生肉制品。熟肉制品指以猪、牛、羊、鸡、兔、狗等畜、禽肉为主要原料，经酱、卤、熏、烤、腌、蒸、煮等任何一种或多种加工方法制成的直接可食的肉类加工制品。即食生肉制品指以畜、禽等肉为主要原料经发酵或特殊工艺加工制成的直接可食的生肉制品。

该类食品规定了沙门氏菌、单核细胞增生李斯特氏菌、金黄色葡萄球菌和大肠埃希氏菌O157:H7等四项致病菌的限量要求，其中大肠埃希氏菌O157:H7只适用于牛肉制品。沙门氏菌、单核细胞增生李斯特氏菌和大肠埃希氏菌O157:H7采用二级采样方案，n=5，c=0，m=0，即抽取的同一批次5个样品均不得检出沙门氏菌、单核细胞增生李斯特氏菌和大肠埃希氏菌O157:H7，只要有一个样品检出上述任一种致病菌就判定为不合格；金黄色葡萄球菌采用三级采样方案，需要进行定量检测，n=5，c=1，m=100 CFU/g，M=1000 CFU/g，即5个样品中允许1个样品在100~1000 CFU/g之间，但不能有＞1000 CFU/g的样品，换言之，2个及以上样品的金黄色葡萄球菌＞100 CFU/g或1个及以上样品＞1000 CFU/g即判定为不合格，见表7-1。

表7-1 肉制品中金黄色葡萄球菌检测结果（CFU/g）判定示例

示例	样品1	样品2	样品3	样品4	样品5	判定
1	50	25	36	25	80	合格
2	50	35	88	80	150	合格
3	50	45	90	150	180	不合格
4	50	50	150	150	180	不合格
5	50	60	88	20	1500	不合格
6	50	60	68	150	1500	不合格

（2）水产制品

GB 29921中的水产制品包括熟制水产品、即食生制水产品和即食藻类制品。熟制水产品指以鱼类、甲壳类、贝类、软体类、棘皮类等动物性水产为主要原料，经蒸、煮、烘烤、油炸等加热熟制过程制成的直接食用的水产加工制品。即食生制水产品指食用前经洁净加工而不经过加热或加热不彻底可直接食用的生制水产品，包括活、鲜、冷冻鱼（鱼片）、虾、头足类及活蟹、活贝等，也包括以活泥螺、活蟹、活贝、鱼籽等为原料，采用盐渍或糟、醉加工制成的可直接食用的腌制水产品。即食藻类制品指以藻类为原料，按照一定工艺加工制成的可直接食用的藻类制品，包括经水煮、油炸或其他加工藻类。

该类食品中的沙门氏菌采用二级采样方案，n=5，c=0，m=0，即5个样品均不得检出；副溶血性弧菌采用三级采样方案，需要进行定量检测，n=5，c=1，m=100 MPN/g，M=1000 MPN/g，即5个样品中允许1个样品的副溶血性弧菌在100~1000 MPN/g之间，但不能有＞1000 MPN/g的样品；金黄色葡萄球菌也采用三级采样方案，需要进行定量检测，n=5，c=1，m=100 CFU/g，M=1000 CFU/g，即5个样品中允许1个样品的金黄色葡萄球菌在100~1000 CFU/g之间，但不能有＞1000 CFU/g的样品。

（3）即食蛋制品

GB 29921中的即食蛋制品指以生鲜禽蛋为原料，添加或不添加辅料，经相应工艺加工制成的直接可食的再制蛋（不改变物理性状）及蛋制品（改变其物理性状）。

该类食品规定了沙门氏菌一项，采用二级采样方案，n=5，c=0，m=0，即5个样品均不得检出。

（4）粮食制品

GB 29921中的粮食制品指以大米、小麦、杂粮、块根植物、玉米等为主要原料或提取物，经加工制成的、带或不带馅（料）的各种熟制制品，包括即食谷物（麦片类）、方便面米制品、速冻面米食品（熟制）和焙烤类食品（焙烤类食品指以粮食、油脂、食糖、蛋为主要原料，添加适量的辅料，经配制、成型、熟制等工序制成的各种焙烤类食品，包括糕点、蛋糕、片糕、饼干、面包等食品）。

该类食品规定了沙门氏菌和金黄色葡萄球菌两项，沙门氏菌采用二级采样方案，n=5，c=0，m=0，即5个样品均不得检出；金黄色葡萄球菌采用三级采样方案，需要进行定量检测，n=5，c=1，m=100 CFU/g，M=1000 CFU/g，即5个样品中允许1个样品的金黄色葡萄球菌在100~1000 CFU/g之间，但不能有＞1000 CFU/g的样品。

（5）即食豆类制品

GB 29921中的即食豆类制品包括发酵豆制品和非发酵豆制品。即食发酵豆制品包括腐乳、豆豉、纳豆和其他湿法生产的发酵豆制品。即食非发酵豆制品包括豆浆、豆腐、豆腐干（含豆干再制品）、大豆蛋白类和其他湿法生产的非发酵豆制品，也包括各种熟制豆制品。

该类食品规定了沙门氏菌和金黄色葡萄球菌两项，沙门氏菌采用二级采样方案，n=5，c=0，m=0，即5个样品均不得检出；金黄色葡萄球菌采用三级采样方案，需要进行定量检测，n=5，c=1，m=100 CFU/g，M=1000 CFU/g，即5个样品中允许1个样品的金黄色葡萄球菌在100~1000 CFU/g之间，但不能有＞1000 CFU/g的样品。

（6）巧克力类及可可制品

GB 29921中的巧克力类及可可制品包括巧克力类（包括巧克力及其制品、代可可脂巧克力及其制品、相应的酱、馅）、可可制品（包括可可液块、可可饼块、可可粉）。

该类食品规定了沙门氏菌一项，采用二级采样方案，n=5，c=0，m=0，即5个样品均不得检出；未对作为原料的各种可可脂进行致病菌限量规定。

（7）即食果蔬制品（含酱腌菜类）

GB 29921中的即食水果制品指以水果为原料，按照一定工艺加工制成的即食水果制品，包括冷冻水果、水果干类、醋/油或盐渍水果、果酱、果泥、蜜饯凉果、水果甜品、发酵的水果制品及其他加工的即食鲜果制品。即食蔬菜制品指以蔬菜为原料，按照一定工艺加工制成的即食蔬菜制品，包括冷冻蔬菜、干制蔬菜、腌渍蔬菜、蔬菜泥/酱（番茄沙司除外）、发酵蔬菜制品及其他加工的即食新鲜蔬菜制品。

该类食品规定了沙门氏菌、金黄色葡萄球菌和大肠埃希氏菌O157:H7等三项致病菌的限量要求，其中大肠埃希氏菌O157:H7只适用于生食果蔬制品。沙门氏菌和大肠埃希氏菌O157:H7采用二级采样方案，n=5，c=0，m=0，即5个样品均不得检出沙门氏菌和大肠埃希氏菌O157:H7，只要有一个样品检出上述任一种致病菌就判定为不合格；金黄色葡萄球菌采用三级采样方案，需要进行定量检测，n=5，c=1，m=100 CFU/g（ml），M=1000 CFU/g（ml），即5个样品中允许1个样品在100~1000 CFU/g（ml）之间，但不能有＞1000 CFU/g（ml）的样品。

（8）饮料（包装饮用水、碳酸饮料除外）

GB 29921中的饮料包括果蔬汁类、蛋白饮料类、水基调味饮料类、茶、咖啡、植物饮料类、固体饮料类、其他饮料类等（不包括饮用水和碳

酸饮料）。

该类食品规定了沙门氏菌和金黄色葡萄球菌两项，沙门氏菌采用二级采样方案，n=5，c=0，m=0，即5个样品均不得检出；金黄色葡萄球菌采用三级采样方案，需要进行定量检测，n=5，c=1，m=100 CFU/g（ml），M=1000 CFU/g（ml），即5个样品中允许1个样品的金黄色葡萄球菌在100~1000 CFU/g（ml）之间，但不能有＞1000 CFU/g（ml）的样品。

（9）冷冻饮品

GB 29921中的冷冻饮品包括冰淇淋类、雪糕（泥）类和食用冰、冰棍类。冷冻饮品指以饮用水、食糖、乳制品、水果制品、豆制品、食用油等为主要原料，添加适量的辅料制成的冷冻固态饮品，包含甜味冰。

该类食品规定了沙门氏菌和金黄色葡萄球菌两项，沙门氏菌采用二级采样方案，n=5，c=0，m=0，即5个样品均不得检出；金黄色葡萄球菌采用三级采样方案，需要进行定量检测，n=5，c=1，m=100 CFU/g（ml），M=1000 CFU/g（ml），即5个样品中允许1个样品的金黄色葡萄球菌在100~1000 CFU/g（ml）之间，但不能有＞1000 CFU/g（ml）的样品。

（10）即食调味品

GB 29921中的即食调味品包括酱油（酿造酱油、配制酱油）、酱（酿造酱、配制酱）、复合调味料（沙拉酱、肉汤、调味清汁及以动物性原料和蔬菜为基料的即食酱类）及水产调味品（鱼露、蚝油、虾酱）等。但不对香辛料类调味品规定致病菌限量。

该标准对即食调味品的沙门氏菌和金黄色葡萄球菌的限量进行了统一规定，对于其中的水产调味品还需控制副溶血性弧菌。沙门氏菌采用二级采样方案，n=5，c=0，m=0，即5个样品均不得检出；金黄色葡萄球菌和副溶血性弧菌采用三级采样方案，需要进行定量检测，其中金黄色葡萄球菌n=5，c=2，m=100 CFU/g（ml），M=10000 CFU/g（ml），即5个样品中允许2个样品在100~10000 CFU/g（ml）之间，但不能有＞10000 CFU/g（ml）的样品；副溶血性弧菌n=5，c=1，m=100 MPN/g（ml），M=1000 MPN/g（ml），即5个样品中允许1个样品在100~1000 MPN/g（ml）之间，但不能有＞1000 MPN/g（ml）的样品。

（11）坚果籽实制品

GB 29921中的坚果籽实制品包括坚果及籽类的泥（酱）以及腌制果仁类制品。不包括烘炒、油炸、蒸煮等工艺加工的坚果籽类食品。

该类食品规定了沙门氏菌一项，采用二级采样方案，n=5，c=0，m=0，即5个样品均不得检出。

7.1.6　采样方案

根据致病菌在食品中分布的不均匀性及其危害程度、食品的加工工艺等，本标准采用国际上广泛认可的n（指同一批次产品应采集的样品件数）、c（指最大可允许超出m值的样品数）、m（指致病菌指标可接受水平的限量值）、M（指致病菌指标的最高安全限量值）分级采样原则，按照"致病菌-食品"组合对肉制品等11大类食品分别制定了沙门氏菌等致病菌的限量规定。具体采样方案的规定见图7-1。

7.1.7　食品中致病菌限量要求

GB29921规定了不同类别预包装食品的致病菌限量要求。除此之外，乳与乳制品、特殊膳食用食品等一系列食品安全国家标准中也规定了相应产品的致病菌限量要求，这些标准的制定充分考虑了我国的实际情况，同时参考了相关国际标准，其致病菌限量要求按照现行有效的食品产品安全国家标准执行。归纳梳理如下。

（1）按照GB 29921执行致病菌限量要求的食品类别及相应要求，见表7-2。

（2）按照食品产品国家安全标准执行致病菌限量要求的食品类别及相应要求，见表7-3。

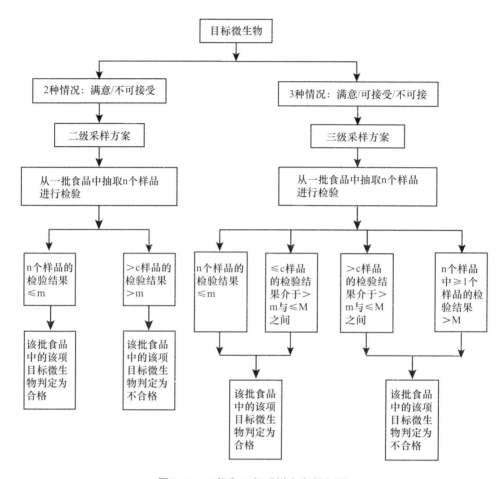

图7-1 二级和三级采样方案释义图

（3）GB 29921标准里未规定致病菌的食品类别

由于蜂蜜、脂肪和油及乳化脂肪制品、果冻、糖果、食用菌等食品或原料的微生物污染的风险较低，参照CAC、ICMSF等国际组织的制标原则，暂不设置这些食品的致病菌限量。比如，《食品安全国家标准 蜂蜜》（GB 14963–2011）中有微生物限量要求，但GB 29921标准里已取消致病菌项目，因此不再对蜂蜜产品进行致病菌检测。

表7-2 食品中致病菌限量

食品类别	致病菌指标	采样方案及限量（若非指定，均以/25g或25ml表示）				检验方法	备注
		n	c	m	M		
肉制品 熟肉制品	沙门氏菌	5	0	0	—	GB 4789.4	—
	单核细胞增生李斯特氏菌	5	0	0	—	GB 4789.30	—
	金黄色葡萄球菌	5	1	100 CFU/g	1000 CFU/g	GB 4789.10 第二法	—
即食生肉制品	大肠埃希氏菌 O157:H7	5	0	0	—	GB/T 4789.36	仅适用于干牛肉制品
水产制品 熟制水产品	沙门氏菌	5	0	0	—	GB 4789.4	—
	副溶血性弧菌	5	1	100 MPN/g	1000 MPN/g	GB/T 4789.7	—
即食生制水产品 即食藻类制品	金黄色葡萄球菌	5	1	100 CFU/g	1000 CFU/g	GB 4789.10 第二法	—
即食蛋制品	沙门氏菌	5	0	0	—	GB 4789.4	—
粮食制品 熟制粮食制品（含烘烤类）熟制带馅（料）面米制品 方便面米制品	沙门氏菌	5	0	0	—	GB 4789.4	—
	金黄色葡萄球菌	5	1	100 CFU/g	1000 CFU/g	GB 4789.10 第二法	—
即食豆类制品 发酵豆制品 非发酵豆制品	沙门氏菌	5	0	0	—	GB 4789.4	—
	金黄色葡萄球菌	5	1	100 CFU/g	1000 CFU/g	GB 4789.10 第二法	—
巧克力类及可可制品	沙门氏菌	5	0	0	—	GB 4789.4	—
即食果蔬制品（含酱腌菜类）	沙门氏菌	5	0	0	—	GB 4789.4	—
	大肠埃希氏菌 O157:H7	5	1	100 CFU/g（ml）	1000 CFU/g（ml）	GB/T 4789.36	仅适用于生食果蔬制品

续表

食品类别	致病菌指标	采样方案及限量（若非指定，均以/25g或/25ml表示）				检验方法	备注
		n	c	m	M		
饮料（包装饮用水、碳酸饮料除外）	沙门氏菌	5	0	0	—	GB 4789.4	—
	金黄色葡萄球菌	5	1	100 CFU/g（ml）	1000 CFU/g（ml）	GB 4789.10 第二法	—
冷冻饮品 冰淇淋类 雪糕（泥）类 食用冰、冰棍类	沙门氏菌	5	0	0	—	GB 4789.4	—
	金黄色葡萄球菌	5	1	100 CFU/g（ml）	1000 CFU/g（ml）	GB 4789.10 第二法	—
即食调味品 酱油 酱及酱制品 水产调味品 复合调味料（沙拉酱等）	沙门氏菌	5	0	0	—	GB 4789.4	—
	金黄色葡萄球菌	5	2	100 CFU/g（ml）	10000 CFU/g（ml）	GB 4789.10 第二法	—
	副溶血性弧菌	5	1	100 MPN/g（ml）	1000 MPN/g（ml）	GB/T 4789.7	仅适用于水产调味品
坚果籽实制品 坚果及籽类的泥（酱） 腌制果仁类	沙门氏菌	5	0	0	—	GB 4789.4	—

注1：食品类别用于界定致病菌限量的适用范围，仅适用于本标准。

注2：n为同一批次产品应采集样品的件数；c为最大可允许超出m值的样品数；m为致病菌指标可接受水平的限量值；M为致病菌指标的最高安全限量值。

表7-3　食品中致病菌限量

标准名称	致病菌指标	采样方案及限量（若非指定，均以25g表示）				检验方法	备注
		n	c	m	M		
GB 19645-2010《食品安全国家标准 巴氏杀菌乳》	沙门氏菌	5	0	0/25g（ml）	—	GB 4789.4	
	金黄色葡萄球菌	5	0	0/25g（ml）	—	GB 4789.10定性检验	
GB 25191-2010《食品安全国家标准 调制乳》	沙门氏菌	5	0	0/25g（ml）	—	GB 4789.4	
	金黄色葡萄球菌	5	0	0/25g（mL）	—	GB 4789.10定性检验	
GB 19302-2010《食品安全国家标准 发酵乳》	沙门氏菌	5	0	0/25g（ml）	—	GB 4789.4	
	金黄色葡萄球菌	5	0	0/25g（ml）	—	GB 4789.10定性检验	
GB 13102-2010《食品安全国家标准 炼乳》	沙门氏菌	5	0	0/25g（ml）	—	GB 4789.4	
	金黄色葡萄球菌	5	0	0/25g（ml）	—	GB 4789.10定性检验	
GB 5420-2010《食品安全国家标准 干酪》	沙门氏菌	5	0	0/25g	—	GB 4789.4	
	金黄色葡萄球菌	5	2	100 CFU/g	1000 CFU/g	GB 4789.10平板计数法	
	单核细胞增生李斯特氏菌	5	0	0/25g	—	GB 4789.30	
GB 25192-2010《食品安全国家标准 再制干酪》	沙门氏菌	5	0	0/25g	—	GB 4789.4	
	金黄色葡萄球菌	5	2	100 CFU/g	1000 CFU/g	GB 4789.10平板计数法	
	单核细胞增生李斯特氏菌	5	0	0/25g	—	GB 4789.30	
GB 19644-2010《食品安全国家标准 乳粉》	沙门氏菌	5	0	0/25g	—	GB 4789.4	
	金黄色葡萄球菌	5	2	10 CFU/g	100 CFU/g	GB 4789.10平板计数法	
GB 11674-2010《食品安全国家标准 乳清粉和乳清蛋白粉》	沙门氏菌	5	0	0/25g	—	GB 4789.4	
	金黄色葡萄球菌	5	2	10 CFU/g	100 CFU/g	GB 4789.10平板计数法	
GB 19646-2010《食品安全国家标准 稀奶油、奶油和无水奶油》	沙门氏菌	5	0	0/25g（ml）	—	GB 4789.4	
	金黄色葡萄球菌	5	1	10 CFU/g（CFU/ml）	100 CFU/g（CFU/ml）	GB 4789.10平板计数法	

续表

标准名称	致病菌指标	采样方案及限量（若非指定，均以/25 g表示）				检验方法	备注
		n	c	m	M		
GB 10765-2010《食品安全国家标准 婴儿配方食品》	沙门氏菌	5	0	0/25g	—	GB 4789.4	
	金黄色葡萄球菌	5	2	10 CFU/g（CFU/ml）	100 CFU/g（CFU/ml）	GB 4789.10 平板计数法	
	阪崎肠杆菌（仅适用于供0~6月龄食用的配方食品）	3	0	0/100g	—	GB 4789.40 计数法	
GB 25596-2010《食品安全国家标准 特殊医学用途婴儿配方食品通则》	沙门氏菌	5	0	0/25g	—	GB 4789.4	
	金黄色葡萄球菌	5	2	10 CFU/g（CFU/ml）	100 CFU（CFU/ml）	GB 4789.10 平板计数法	
	阪崎肠杆菌	3	0	0/100g	—	GB 4789.40	
GB 10767-2010《食品安全国家标准 较大婴儿和幼儿配方食品》	沙门氏菌	5	0	0/25g	—	GB 4789.4	
GB 10769-2010《食品安全国家标准 婴幼儿谷类辅助食品》	沙门氏菌	5	0	0/25g	—	GB 4789.4	
GB 22570-2014《食品安全国家标准 辅食营养补充品》	沙门氏菌	5	0	0/25g	—	GB 4789.4	
GB 29922-2013《食品安全国家标准 特殊医学用途配方食品通则》	沙门氏菌	5	0	0/25g	—	GB 4789.4	
	金黄色葡萄球菌	5	2	10 CFU/g	100 CFU/g	GB 4789.10 平板计数法	

续表

标准名称	致病菌指标	采样方案及限量（若非指定，均以/25 g 表示）				检验方法	备注
		n	c	m	M		
GB 19298-2014《食品安全国家标准 包装饮用水》	铜绿假单胞菌	5	0	0 CFU/250ml	—	GB/T 8538	
GB 24154-2015《食品安全国家标准 运动营养食品通则》	沙门氏菌	5	0	0	—	GB 4789.4	2016-11-13实施
	金黄色葡萄球菌	5	2	10 CFU/g	100 CFU/g	GB 4789.10 平板计数法	
GB 31601-2015《食品安全国家标准 孕妇及乳母营养补充食品》	沙门氏菌	5	0	0	—	GB 4789.4	2016-11-13实施
GB 14967-2015《食品安全国家标准 胶原蛋白肠衣》	沙门氏菌	5	0	0	—	GB 4789.4	2016-11-13实施
	金黄色葡萄球菌	5	1	100 CFU/g	1000 CFU/g	GB4789.10 第二法	

7.2 常见问题释疑

7.2.1 本标准为何未设置志贺氏菌限量

志贺氏菌污染通常是由于手被污染、食物被飞蝇污染、饮用水处理不当或者下水道污水渗漏所致。根据我国志贺氏菌食品安全事件情况以及我国多年风险监测，极少在加工食品中检出志贺氏菌，参考CAC、ICMSF、欧盟、美国、加拿大、澳大利亚和新西兰等国际组织、国家和地区规定，本标准未设置志贺氏菌限量规定。

7.2.2 常见饮料的适用范围如何确定

食品类别"饮料（包装饮用水、碳酸饮料除外）"中的"茶"指茶饮料，不包括茶叶；"咖啡"指咖啡饮料，不包括咖啡豆。包装饮用水中的致病菌要求按照《食品安全标准　包装饮用水》（GB 19298-2014）执行，碳酸饮料无致病菌要求。

7.2.3 罐头食品是否适用本标准

罐头食品是以水果、蔬菜、食用菌、畜禽肉、水产动物等为原料，经过加工处理、装罐、密封、加热杀菌等工序加工而成的商业无菌罐装食品。商业无菌指的是罐头食品经过适度热杀菌后，不含有致菌性微生物，也不含有通常温度下能在其中繁殖的非致病性微生物的状态。因此，罐头类食品不适用于此标准。

7.2.4 花生酱和芝麻酱中致病菌限量如何判定

花生酱和芝麻酱都属于"坚果及籽类的泥（酱）"，致病菌限量按"坚果及籽类的泥（酱）"的规定执行。

7.2.5 散装食品如何规定致病菌限量

散装食品并不是一个严格的食品类别，其形式也比较复杂。目前尚无散装食品的致病菌限量标准和要求，即食食品的致病菌限量要求应根据具体情况确定。

7.2.6 含有多种食物成分的食品中的致病菌限量如何执行

含有多种食物成分的食品应按照主要成分进行判定。如三明治（含有熟制粮食制品、肉制品、沙拉酱、即食果蔬制品等），可参照熟制粮食制品的要求执行。其他含有多种食物成分的食品，需根据具体情况判断确定。

7.2.7 对于执行绿色食品标准的产品如何执行致病菌的规定

《中华人民共和国食品安全法》第三章第二十五条规定，食品安全标准是强制执行的标准，除食品安全标准外，不得制定其他食品强制性标准。绿色食品应首先满足食品安全标准的相关规定。

7.2.8 婴儿配方食品中阪崎肠杆菌的检验方法如何执行

GB 4789.40规定了婴幼儿配方乳粉中阪崎肠杆菌的两个检验方法，第一法和第二法。GB 10765 "4.8微生物限量"中，"采样方案及限量"一栏是基于GB 4789.40第一法做出的规定。无论使用哪种检验方法，婴儿配方乳粉中阪崎肠杆菌均为不得检出。

7.2.9 进口生食水产品中的致病菌限量如何执行

GB 29921未规定水产品的单核细胞增生李斯特氏菌限量，也不适用于非预包装的生食水产品。对于水产品检出单核细胞增生李斯特氏菌的，可收集汇总检测数据，用于食品安全风险监测和评估工作，作为研究拟订水产品中单核细胞增生李斯特氏菌限量的依据。

7.2.10 水磨年糕、饵块等产品中致病菌如何判定

水磨年糕、饵块等虽然加工工艺中经过熟化，但是在食用时还需要经过炒、蒸、炸等继续加工后方可食用，此类食品不包括在本标准的熟制粮食加

工品中。

7.2.11 焙烤馅料产品中致病菌如何判定

焙烤馅料作为其他食品的原料，在成为最终食品前，还要进行烘焙等加工工艺，因此，GB29921 未规定焙烤馅料致病菌限量指标。

7.2.12 冻面米制品有致病菌限量要求吗

《食品安全国家标准　速冻面米制品》（GB 19295–2011）中致病菌已被本标准替代，本标准仅对速冻面米制品的熟制品有限量要求。

第**8**章

《食品安全国家标准　食品营养强化剂使用标准》
（GB 14880-2012）

8.1　实施要点

8.1.1　GB 14880 与 GB 2760 的关系

本标准规定了不同食品类别中允许使用营养强化剂的种类、化合物来源和使用量要求，GB 2760规定了不同食品类别中允许使用食品添加剂的种类和最大使用量要求。

对于部分既属于营养强化剂又属于食品添加剂的物质，如核黄素、维生素C、维生素E、柠檬酸钾、β-胡萝卜素、碳酸钙等，如果以营养强化为目的，其使用应符合本标准的规定。如果作为食品添加剂使用，则应符合GB 2760的要求。

8.1.2　标准的适用范围

本标准规定了食品营养强化的主要目的、使用营养强化剂的要求、可强化食品类别的选择要求以及营养强化剂的使用规定。本标准适用于食品中营养强化剂的使用。国家法律、法规和（或）标准另有规定的除外。

8.1.3　营养强化剂的定义

营养强化剂是指为增加食品的营养成分（价值）而加入到食品中的天然或人工合成的营养素和其他营养成分。其中，营养素是指食品中具有特定生理作用，能维持机体生长、发育、活动、繁殖以及正常代谢所需的物质，包括

蛋白质、脂肪、碳水化合物、矿物质、维生素等。其他营养成分是指除营养素以外的具有营养和（或）生理功能的其他食品成分。

8.1.4 使用营养强化剂的目的

使用营养强化剂的主要目的包括：一是弥补食品在正常加工、储存时造成的营养素损失；二是在一定的地域范围内，有相当规模的人群出现某些营养素摄入水平低或缺乏，通过食品营养强化可以改善其摄入水平低或缺乏导致的健康影响；三是某些人群由于饮食习惯和（或）其他原因可能出现某些营养素摄入量水平低或缺乏，通过食品营养强化可以改善其摄入水平低或缺乏导致的健康影响；四是补充和调整特殊膳食用食品中营养素和（或）其他营养成分的含量。

8.1.5 使用营养强化剂的要求

（1）营养强化剂的使用不应导致人群食用后营养素及其他营养成分摄入过量或不均衡，不应导致任何营养素及其他营养成分的代谢异常。

（2）营养强化剂的使用不应鼓励和引导与国家营养政策相悖的食品消费模式。

（3）添加到食品中的营养强化剂应能在特定的储存、运输和食用条件下保持质量的稳定。

（4）添加到食品中的营养强化剂不应导致食品一般特性如色泽、滋味、气味、烹调特性等发生明显不良改变。

（5）不应通过使用营养强化剂夸大食品中某一营养成分的含量或作用误导和欺骗消费者。

8.1.6 标准的主要内容

GB 14880包括正文和4个附录。标准正文参考了我国的法律法规、国际食品法典标准和其他国家的相关法规和标准，正文包括范围、术语和定义、营养强化的主要目的、使用营养强化剂的要求、可强化食品类别的选择要求、营养强化剂的使用规定、食品分类、营养强化剂质量标准8项内容。

标准的4个附录分别列出了营养强化剂允许使用的品种、使用范围和使用量以及允许使用的营养强化剂化合物来源名单和食品类别说明。标准中附录A是关于食品营养强化剂使用的规定；附录B是允许使用的营养强化剂化合物来源名单；附录C是允许用于特殊膳食用食品的营养强化剂及化合物来源；附录D是食品类别（名称）的说明。

8.1.7 附录A的理解和使用

标准中附录A是对GB 14880-1994版和原卫生部历年公告中关于营养强化剂使用的整理、汇总（特殊膳食用食品包括婴幼儿食品除外，单独在附录C中列出），并结合当前实际，配合食品分类系统，对各营养强化剂已批准的使用范围、使用量进行合理的汇总与合并。

以维生素A为例，标准中列出了允许强化维生素A的食品类别和使用量（表8-1）。

表8-1 允许强化维生素A的使用范围及使用量

营养强化剂	食品分类号	食品类别（名称）	使用量
维生素A	01.01.03	调制乳	600～1000 μg/kg
	01.03.02	调制乳粉（儿童用乳粉和孕产妇用乳粉除外）	3000～9000 μg/kg
		调制乳粉（仅限儿童用乳粉）	1200～7000 μg/kg
		调制乳粉（仅限孕产妇用乳粉）	2000～10000 μg/kg
	02.01.01.01	植物油	4000～8000 μg/kg
	02.02.01.02	人造黄油及其类似制品	4000～8000 μg/kg
	03.01	冰淇淋类、雪糕类	600～1200 μg/kg
	04.04.01.07	豆粉、豆浆粉	3000～7000 μg/kg
	04.04.01.08	豆浆	600～1400 μg/kg
	06.02.01	大米	600～1200 μg/kg

续表

营养强化剂	食品分类号	食品类别（名称）	使用量
维生素A	06.03.01	小麦粉	600～1200 μg/kg
	06.06	即食谷物，包括辗轧燕麦（片）	2000～6000 μg/kg
	07.02.02	西式糕点	2330～4000 μg/kg
	07.03	饼干	2330～4000 μg/kg
	14.03.01	含乳饮料	300～1000 μg/kg
	14.06	固体饮料类	4000～17000 μg/kg
	16.01	果冻	600～1000 μg/kg
	16.06	膨化食品	600～1500 μg/kg

表A.1第一列为营养强化剂（每一种营养素），如维生素A、钙、铁等，第二列和第三列分别为食品分类号与食品类别（名称），第二列和第三列是对应的，第四列为强化量（使用量），即在生产过程中添加的量（折合成营养素）。

本标准规定的营养强化剂的使用量，指的是在生产过程中允许的实际添加量，该使用量是考虑到所强化食品中营养素的本底含量、人群营养状况及食物消费情况等因素，根据风险评估的基本原则而综合确定的。

因不同食品原料本底所含的各种营养素含量差异较大，而且不同营养素在产品生产和货架期的衰减与损失也不尽相同，所以强化的营养素在终产品中的实际含量可能高于或低于本标准规定的该营养强化剂的使用量。

为保证居民均衡的营养素摄入，方便营养调查，有效预防营养素摄入不足和过量，我国发布的GB 28050特别规定，"使用了营养强化剂的预包装食品，在营养成分表中还应标示强化后食品中该营养成分的含量值及其占营养素参考值（NRV）的百分比"。因此GB 28050与本标准配合使用，既有利于营养成分的合理强化，又保证了终产品中营养素含量的真实性和消费者的知情权。

8.1.8 附录B与附录C名单的差异

（1）适用的产品种类不同

附录B规定的是普通食品中允许使用的营养强化剂品种及其化合物来源，

与本标准的附录A对应，如果企业按照附录A来强化某营养素，则其化合物应从附录B中选择。例如附录A中规定锌可用于01.01.03调制乳中，那么可以从本标准附录B中锌的化合物中选取一种或多种进行强化。

附录C对应的是特殊膳食用食品的产品标准（包括婴儿配方食品、较大婴儿和幼儿配方食品等），这类食品中营养素的限量要求需符合相应的产品标准（如GB 10765、GB 10767等），其所使用的营养强化剂化合物需从附录C中选取。例如婴儿配方食品中锌的含量，应符合GB 10765中锌的最大值和最小值要求，生产单位可以根据产品的自身特性和本标准要求选择使用表C.1中列出的一种或多种锌的化合物。

（2）化合物名单不同

附录B规定的是普通食品中允许使用的营养强化剂品种及其化合物名单，例如锌在附录B中有9种化合物来源（见表8-2）；附录C规定的是特殊膳食用食品中允许使用的营养强化剂及其化合物名单，锌在附录C中有7种化合物（见表8-3）。其中甘氨酸锌和碳酸锌由于在特殊人群中的评估资料不足，仅仅可用于普通食品，不适用于特殊膳食用食品。

表8-2 允许使用的营养强化剂锌的化合物来源名单

营养强化剂	化合物来源
锌	硫酸锌
	葡萄糖酸锌
	甘氨酸锌
	氧化锌
	乳酸锌
	柠檬酸锌
	氯化锌
	乙酸锌
	碳酸锌

表8-3 允许用于特殊膳食用食品的营养强化剂锌的及化合物来源

营养强化剂	化合物来源
锌	硫酸锌
	葡萄糖酸锌
	氧化锌
	乳酸锌
	柠檬酸锌
	氯化锌
	乙酸锌

（3）附录C还包括表C.2

附录C包含两个表格，其中表 C.1 规定了允许用于特殊膳食用食品的营养强化剂及化合物来源名单，即对应本标准附录D中13.0类下的食品，这类产品标准中绝大多数营养强化剂的使用可从表C.1中选择相应化合物；表C.2规定了仅允许用于部分特殊膳食用食品的其他营养成分及使用量，这些成分的限量要求在特殊膳食用食品的产品标准中未进行规定，故在此单独列出使用量。

如规定聚葡萄糖可用于婴幼儿配方食品（13.01），并规定其使用量为15.6~31.25g/kg。

8.1.9 营养强化剂的质量规格

目前我国食品营养强化剂化合物的质量规格标准主要有食品营养强化剂质量规格标准［如《食品安全国家标准 食品营养强化剂 葡萄糖酸亚铁》（GB 1903.10-2015）］、冠以食品添加剂名称的部分营养强化剂化合物［如《食品安全国家标准 食品添加剂 乳酸钙》（GB 1886.21-2016）］，以及部分化合物尚无国家标准而临时指定的标准（如药典标准），另外新批准的营养强化剂公告中也会附有相应的质量规格要求。

质量规格标准中规定了各个营养强化剂应满足的技术要求，主要包括该营养强化剂的生产工艺描述，营养强化剂的分子结构式、分子式及分子量等基本信息，营养强化剂应达到的感官指标、理化指标、微生物指标等技术要求以及相应的检验方法等内容。

目前尚有部分营养强化剂没有相应的质量规格标准，食品安全国家标准主管部门正抓紧组织相应标准的制定工作。

8.1.10 附录D食品分类系统的理解与应用

附录D是在参考GB 2760分类系统的基础上，结合我国相关产品标准、考虑产品的实际情况修改而成的。该食品分类只是为了方便企业研发使用，其中有些食品类别不可能作为强化剂的载体，或者国家标准明确规定不得添加任何物质的食品，如灭菌乳、包装饮用水等，也在本分类系统中出现，是为了保证食品类别的完整性。

食品类别按照食品的属性分类，例如将乳及乳制品（13.0特殊膳食用食品涉及品种除外）归为01.0类，将脂肪、油和乳化脂肪制品归为02.0类。每类下面再分小类，如"01.0乳及乳制品"下面分"01.01巴氏杀菌乳、灭菌乳和调制乳""01.02发酵乳和风味发酵乳"等。如（表8-4）为附录D中食品类别（名称）说明举例。

表8-4 食品类别（名称）说明

食品分类号	食品类别（名称）
01.0	乳及乳制品（13.0特殊膳食用食品涉及品种除外）
01.01	巴氏杀菌乳、灭菌乳和调制乳
01.01.01	巴氏杀菌乳
01.01.02	灭菌乳
01.01.03	调制乳
01.02	发酵乳和风味发酵乳
01.02.01	发酵乳
01.02.02	风味发酵乳
01.03	乳粉其调制产品
01.03.01	乳粉
01.03.02	调制乳粉
01.04	炼乳及其调制产品

食品分类号	食品类别（名称）
01.04.01	淡炼乳
01.04.02	调制炼乳
01.05	稀奶油（淡奶油）及其类似品
01.06	干酪和再制干酪
01.07	以乳为主要配料的即食风味甜点或其预制产品（不包括冰淇淋和调味酸奶）
01.08	其他乳制品（如乳清粉、酪蛋白粉等）

一般某营养强化剂允许用于某一大类时，则允许其可用于该类别下的所有亚类（另有规定的除外）；同样，如果某强化剂允许用于某亚类中，那其下属的次亚类也可使用。

8.1.11 营养强化剂新品种及扩大使用范围和使用量的规定

目前，食品营养强化剂新品种、食品营养强化剂扩大使用范围和使用量的批准均是以国家卫生计生委公告的形式公布。在实际使用过程中，除了依据 GB 14880 标准文本内容外，还应执行相关公告规定。

8.2 常见问题释疑

8.2.1 既属于食品营养强化剂又属于新食品原料或普通食品的部分物质如何使用

如果以营养强化为目的，其使用应符合 GB 14880 的要求；如果作为食品配料，应符合新食品原料相关公告或相应食品标准的规定。这类物质有二十二碳六烯酸、低聚半乳糖、多聚果糖、花生四烯酸和低聚果糖等。

8.2.2 孕产妇用乳粉、儿童用乳粉以及老年奶粉中食品营养强化剂如何使用

孕产妇用乳粉和儿童用乳粉以及老年奶粉都属于调制乳粉范畴，按照普

通食品管理，不属于特殊膳食用食品。其营养强化剂的使用范围和使用量应符合本标准附录A中调制乳粉的相关规定，所使用的化合物来源应符合附录B的要求。

8.2.3 孕产妇用调制乳和儿童用调制乳中强化剂如何使用

孕产妇用调制乳和儿童用调制乳中可以使用在"调制乳粉（仅限孕产妇用乳粉）"及"调制乳粉（仅限儿童用乳粉）"等类别中批准的食品营养强化剂，其使用量应按相应稀释倍数折算，其化合物来源应符合标准附录B的要求。

对于标准中已经明确可以在孕产妇用调制乳中使用的营养素，如叶酸等，则应按标准内容规定执行。

8.2.4 婴儿配方食品中如何使用氯化钠

钠是婴幼儿必需的营养素之一，GB 10765和GB 10767等标准对其限量均做出了相应规定。同时，GB 14880规定了钠的化合物来源，包括氯化钠。

目前我国尚未制定食品营养强化剂氯化钠的质量规格标准，生产企业可参考《中华人民共和国药典》中氯化钠的相应规格执行。国家卫生计生委等部门将综合考虑行业使用情况、监管需要和国内外标准现况等，研究是否需要制定相应标准。

8.2.5 营养强化剂是否应标示其来源

如儿童用调制乳粉中使用了叶黄素，配料表中可以标示叶黄素（万寿菊来源），也可以只标示"叶黄素"。叶黄素后面括号中的万寿菊来源仅仅是对叶黄素来源的限制，不是其化合物名称。生产单位使用这类物质须符合相关质量标准的要求。

类似的营养强化剂，如低聚半乳糖、低聚果糖、棉子糖、花生四烯酸油脂、二十二碳六烯酸油脂等也不强制标示其来源。

8.2.6 哪几种生产工艺来源的低聚果糖可用于婴幼儿配方食品和婴幼儿谷类辅助食品

截至目前，国家卫生计生委已经批准发布的低聚果糖公告包括原卫生部2009年第11号公告、2012年第6号公告以及国家卫生计生委2013年第8号公告。其对应的生产工艺包括：①原卫生部2009年第11号公告中生产工艺规定为以菊苣为原料，经部分酶水解后提纯、喷雾干燥制得；②原卫生部2012年第6号公告中生产工艺规定为以蔗糖为原料，用来源于米曲霉的β-果糖基转移酶水解后，经色谱分离提纯、干燥制得；③国家卫生计生委2013年第8号公告中生产工艺规定为以白砂糖为原料，用来源于黑曲霉的酶酶解后，经脱色、过滤、干燥等工艺制得。

以上3种生产工艺生产的低聚果糖都可以用于婴幼儿配方食品和婴幼儿谷类辅助食品。

8.2.7 营养强化剂低聚果糖如何使用和检验

目前，食品营养强化剂低聚果糖的生产工艺包括菊苣、蔗糖和白砂糖为原料的生产工艺来源。对于产品本身来说，不同来源的低聚果糖在微观结构及其构成上有所差别。生产企业可以选择一种，也可同时选择多种工艺来源的低聚果糖，比如生产企业可以同时使用白砂糖来源的低聚果糖和菊苣来源的低聚果糖强化产品中的低聚果糖，其使用量应符合本标准和相应产品标准的规定，终产品中只需检测低聚果糖的总含量即可。

8.2.8 "儿童用乳粉"中儿童年龄如何界定

目前本标准所指"儿童"年龄范围为已满36个月但不满15岁。适合该年龄段人群食用的调制乳粉可定义为"儿童用乳粉"。

8.2.9 婴儿配方食品中强化了核苷酸，其标签配料表中如何标示

GB 14880附表C.2规定可以在婴幼儿配方食品中使用核苷酸，其来源包

括7种。生产单位在该类产品中使用核苷酸时，应从名单中选择一种或以上，并在配料表中标示出具体使用的化合物，如"5′单磷酸胞苷（5′–CMP）"（括号内外可只写两者之一或两者都写）。

8.2.10　为何取消食盐作为营养强化剂载体

中国居民与营养健康状况调查结果显示，我国居民食盐摄入量过高，同时我国高血压等慢性病的发病率也有升高趋势。为了配合国家的减盐行动，避免居民过多摄入食盐，本标准取消了食盐作为营养强化剂载体。

关于食用盐中碘的使用，生产单位依据GB 26878–2011《食品安全国家标准　食用盐碘含量》执行。

8.2.11　营养强化剂牛磺酸能否用于儿童用调制乳

根据原卫生部2012年第15号公告和GB 14880规定，牛磺酸可作为营养强化剂用于调制乳及调制乳粉，因此可用于儿童用调制乳。

8.2.12　牛奶中强化钙是否会导致钙摄入过量

牛乳中钙含量为100mg/100g左右（《中国食物成分表》中数据），按照本标准附表A.1规定调制乳中钙的允许强化量为250~1000mg/kg，若按照最大添加量进行强化，则每100g调制乳中钙含量为200mg，仅达到钙NRV的25%。

GB 14880在评估和批准营养强化剂的使用范围和使用量时，已考虑到所强化食品中营养素的本底含量、人群营养状况及食物消费情况等因素综合确定，因此在正常摄入的情况下不会导致钙过量。同时由于我国GB 28050规定强化后必须标示其最终含量，两个标准结合使用，保证了消费者的知情权。

8.3　示例分析

8.3.1　维生素E强化植物油的标示方式

根据GB 7718及其问答的相关要求，食品营养强化剂应当按照本标准或国

家卫生计生委公告中的名称标示。生产单位可选择使用以下3种方式中任一方式进行标示。

（1）标示化合物名称（按照附录B或表C.1中化合物来源项下的名称标示）。

（2）同时标示营养素名称和化合物名称。

（3）标示营养素名称（按照附录A或表C.1中营养强化剂项下的名称标示）。

各种营养强化剂在配料表中的标示顺序应当符合GB 7718的要求。

因此，当某植物油产品按照本标准要求强化了维生素E，如果其所使用的化合物为dl-α-生育酚，则在配料表中可采用的标示方式有：①标示化合物名称，即"dl-α-生育酚"；②同时标示营养素名称和化合物名称，即"维生素E（dl-α-生育酚）"或者"dl-α-生育酚（维生素E）"；③标示营养素名称，即"维生素E"。

按照国际通行的配料标示方式，鼓励生产单位在配料表中采用上述第1、2种方式进行标示。

8.3.2 钙强化调制乳的标示和声称

按本标准附录A使用了营养强化剂的预包装食品，其营养成分的标示（包括名称、顺序、表达单位、修约间隔等）应按照GB 28050中表1的要求执行。对于表1中没有列出但本标准允许强化的营养物质，其标示顺序应按照GB 28050的规定位于表1所列营养素之后。

如果生产企业欲对该营养素进行声称（包括营养声称和营养成分功能声称），也应符合GB 28050及其问答的相关要求。

如某品牌调制乳中添加了碳酸钙作为钙来源化合物，除在配料表中按规定标示外，营养成分表中还应标注钙含量及其占NRV的百分比，如150mg/100ml，占NRV的19%，同时可根据GB 28050附录C和D的要求做相应的声称。

8.3.3 同类的营养强化剂（如维生素类）的标示

为了便于消费者理解和阅读标签，可以将强化的维生素和矿物质分类标注。例：维生素（核黄素、L-抗坏血酸钠等），矿物质（焦磷酸铁、硫酸铜等）。

对于既属于营养强化剂又属于食品添加剂的配料可以依据具体使用目的选择类别进行标示。如维生素C等，如用于食品营养强化剂，可以按照上述标示方式，如果作为抗氧化剂，需单独标示或合并入食品添加剂项标示。

8.3.4 调制乳粉中添加抗坏血酸棕榈酸酯的功能判定

根据GB 14880规定，抗坏血酸棕榈酸酯作为营养强化剂维生素C的化合物来源之一允许用于调制乳粉中；按照GB 2760规定，抗坏血酸棕榈酸酯也可作为抗氧化剂用于调制乳粉中。

实际监管过程中应首先查看其配料表中是否将其归到食品营养强化剂或食品添加剂类别中，从而判断其使用范围和使用量应符合相应的标准要求；反之则需结合生产企业实际使用情况综合判断。

8.3.5 1,3-二油酸-2-棕榈酸甘油三酯的使用

1,3-二油酸-2-棕榈酸甘油三酯是婴幼儿配方乳粉中允许使用的可选择成分之一，部分生产企业购买预先将该物质加入植物油的产品，然后加入婴幼儿配方乳粉中。

根据GB 2760"3.4带入原则"的规定，当某食品配料作为特定终产品的原料时，批准用于上述特定终产品的添加剂允许添加到这些食品配料中，同时该添加剂在终产品中的量应符合本标准的要求。在所述特定食品配料的标签上应明确标示该食品配料用于上述特定食品的生产。该条规定同样适用于食品营养强化剂的使用。因此婴幼儿配方乳粉可以使用含有1,3-二油酸-2-棕榈酸甘油三酯的植物油，其使用量应符合GB 14880附录C的要求，且该植物油应明确标示用于婴幼儿配方乳粉。

8.3.6　营养强化剂使用量的换算

营养强化剂的使用量指化合物来源中有效成分的使用量，因此一些化合物需要通过折算来确定其使用量。例如，使用维生素E琥珀酸钙来强化维生素E，需折算成维生素E的量来使用。以下为部分营养强化剂的换算系数举例。

例1　维生素A：本标准规定维生素A的使用量以"视黄醇当量"计，相应的维生素A化合物的换算系数如下。

1μg视黄醇当量＝1μg全反式视黄醇＝1.147μg醋酸视黄酯＝1.832μg棕榈酸视黄酯＝6μg β－胡萝卜素（关于β－胡萝卜素是否需折算为维生素A的含量应参照相应产品标准的要求）。

例2　维生素E：本标准规定维生素E的使用量是以"d－α－生育酚"计，相应的换算系数如下。

1mg dl－α－生育酚＝0.74mg d－α－生育酚

1mg d－α－醋酸生育酚＝0.91 mg d－α－生育酚

1mg dl－α－醋酸生育酚＝0.67 mg d－α－生育酚

1mg 维生素E琥珀酸钙（天然型）＝0.78mg d－α－生育酚

1mg 维生素E琥珀酸钙（合成型）＝0.57mg d－α－生育酚

1mg d－α－琥珀酸生育酚＝0.81 mg d－α－生育酚

1mg dl－α－琥珀酸生育酚＝0.60 mg d－α－生育酚

例3　维生素C：本标准规定维生素C的使用量均以L－抗坏血酸计。

例4　维生素B_1：本标准规定维生素B_1的使用量均以盐酸硫胺素计。

例5　维生素B_2：本标准规定维生素B_2的使用量均以核黄素计。

8.3.7 强化DHA的标示

强化了DHA的产品，其配料表中可标为"二十二碳六烯酸""二十二碳六烯酸油脂""DHA（二十二碳六烯酸油脂）""二十二碳六烯酸油脂（DHA）"或者"金枪鱼油（DHA）""DHA（金枪鱼油）"等。

8.3.8 带括号的营养强化剂的标示

本标准中营养强化剂名称括号内外的名称视为等同，在产品标签上可以单独标示其中任何一种，也可以两者同时标示。例如，标准中的"左旋肉碱（L-肉碱）"可以标示为"左旋肉碱"或者"L-肉碱"，也可以两者同时标示，"左旋肉碱（L-肉碱）"或者"L-肉碱（左旋肉碱）"。

第**9**章

《食品安全国家标准 食品中农药最大残留限量》
（GB 2763–2014）

9.1 实施要点

9.1.1 标准的适用范围

GB 2763 规定了 387 种农药的 3650 项最大残留限量（MRL）指标，规定了与限量相关食品的分类和测定部位，首次制定了果汁、果脯、干制水果等加工食品的农残限量值，基本覆盖了百姓经常消费的食品种类。

该标准所列出的食品类别及测定部位用于界定农药最大残留限量应用范围。如某种农药的最大残留限量应用于某一食品类别时，在该食品类别下的所有食品均适用，有特别规定的除外。

9.1.2 农药残留的相关定义

（1）农药

农药广义是指用于预防、消灭或者控制危害农业、林业的病、虫、草和其他有害生物以及有目的地调节、控制、影响植物和有害生物代谢、生长、发育、繁殖过程的化学合成或者来源于生物、其他天然产物及应用生物技术产生的一种物质或者几种物质的混合物及其制剂。狭义上是指在农业生产中，为保障、促进植物和农作物的成长，所施用的杀虫、杀菌、杀灭有害动物（或杂草）的一类药物统称。

（2）残留物

由于使用农药而在食品、农产品和动物饲料中出现的任何特定物质，包括被认为具有毒理学意义的农药衍生物，如农药转化物、代谢物、反应产物及杂质等。

（3）最大残留限量

在食品或农产品内部或表面法定允许的农药最大浓度，以每千克食品或农产品中农药残留的毫克数表示（mg/kg）。

（4）再残留限量

一些持久性农药虽已禁用，但还长期存在环境中，从而再次在食品中形成残留，为控制这类农药残留物对食品的污染而制定其在食品中的残留限量，以每千克食品或农产品中农药残留的毫克数表示（mg/kg）。

（5）每日允许摄入量

人类终生每日摄入某物质，而不产生可检测到的危害健康的估计量，以每千克体重可摄入的量表示（mg/kg bw）。

（6）临时限量

当下述情形发生时，可以制定临时限量标准：①每日允许摄入量是临时值时；②没有完善或可靠的膳食数据时；③没有符合要求的残留检验方法标准时；④农药或农药/作物组合在我国没有登记，当存在国际贸易和进口检验需求时；⑤在紧急情况下，农药被批准在未登记作物上使用时，制定紧急限量标准，并对其适用范围和时间进行限定；⑥其他资料不完全满足评估程序要求时。

临时限量标准的制定应参照农药最大残留限量标准制定程序进行。当获得新的数据时，应及时进行修订。

（7）组限量

适用于同一组食品的限量。

（8）测定部位

样品制备时需要包含的食品部位。

（9）同分异构体

同分异构体简称异构体，指有机化合物具有相同分子式和分子量，但分子中原子排列顺序或空间位置不同。

9.1.3　查找方法和使用原则

本标准所列农药以拼音为序，每种农药都列出了农药名称（中文名称、英文名称）、主要用途、每日允许摄入量（ADI）、残留物、最大残留限量（再残留限量）和检测方法。

（1）目标农药查找方法

在目录找到目标农药名称，得到其所在位置（页码）。

在资料性附录B，农药中文通用名称索引中，按照农药中文名称的第一个字的拼音顺序，找到其在位置（页码）。

在资料性附录C，农药英文通用名称索引中，按照农药英文名称的第一个字母顺序，找到其在位置（页码）。

（2）禁限用农药种类

本标准中禁限用的农药包括：六六六、滴滴涕、毒杀芬、林丹、灭蚁灵、七氯、艾氏剂、狄氏剂、异狄氏、磷胺、甲基对硫磷、对硫磷、久效磷、甲胺磷、苯线磷、甲基硫环磷、硫线磷、蝇毒磷、治螟磷、特丁硫磷等；氧乐果、三氯杀螨醇、氰戊菊酯、丁酰肼、甲拌磷、氟虫腈等。

另有规定的可见相关政府公告和通告。

（3）食品种类及测定部位

资料性附录A列出的食品类别如下。

谷物：稻类、麦类、旱粮类、杂粮类、成品粮等。

油料和油脂：小型油籽类、中型油籽类、大型油籽类、油脂等。

蔬菜：鳞茎类、芸薹薯类、叶菜类、茄果类等。

水果：柑橘类、仁果类、核果类、瓜果类等。

干制水果：柑橘脯、李子干、葡萄干等

坚果：小粒坚果、大粒坚果等。

糖料：甘蔗、甜菜等。

饮料：茶叶、咖啡豆、可可豆、啤酒花、菊花、玫瑰花、果汁等。

食用菌：蘑菇类、木耳类等。

调味料：叶类、干辣椒、果类调味料、种子类调味料等。

药用植物：根茎类、叶及茎杆类、花及果实类等。

动物源食品：哺乳动物肉类（海洋哺乳动物除外）、哺乳动物内脏（海洋哺乳动物除外）、禽肉类、蛋类（鲜蛋）、生乳、水产品等。

附录A按照食品类别列出了相应的食品测定部位，如：香蕉测定全蕉；木瓜测定去除果核的所有部分，残留量计算应计入果核的重量；椰子测定椰汁和椰肉；甘蔗的测定部位为整根甘蔗，但去除顶部叶及叶柄等。

9.2 常见问题释疑

9.2.1 组限量

GB 2763首次提出了组限量的概念，组限量适用于一组食品（见表9-1），单一食品的最大残留限量（MRL）不能扩大使用到同组 其他食品中。标准中有限量标准为组限量的，表明该类食品中所有食品均可按照该限量进行判定。例如甲胺磷在鳞茎类、芸薹薯类等蔬菜类中的限量均为0.05mg/kg。

表9-1 组限量

农药品种	食品类别	食品名称	最大残留限量（mg/kg）
甲胺磷	蔬菜类	鳞茎类	0.05
		芸薹属类	0.05
		叶菜类	0.05
		茄果类	0.05
		瓜类	0.05
		豆类	0.05
		茎类	0.05
		根茎类和薯芋类（萝卜除外）	0.05
		水生类	0.05
		芽菜类	0.05

9.2.2　测定部位选取

GB 2763 的资料性附录 A（食品类别及测定部位）有两个作用。

（1）确定样品检测时需要测定的部位

例如：香蕉需要测定全蕉，包括皮和肉；木瓜测定去除果核的所有部分，残留量计算应加入果核的重量；椰子测定椰汁和椰肉。这里要特别关注的是，部分水果类产品测定时要去除果核，计算残留量时要加入果核的重量。

（2）组限量适用的食品

组限量是一组食品的限量，但检测过程中，同一组食品由于种的不同，检测部位也有所不同，例如，甲胺磷在鳞茎类、芸薹属类、水生类等中的最大残留限量均为 0.05mg/kg，鳞茎类中又有鳞茎葱类、绿叶葱类和百合类三种，这三种的检测部位均不相同，大蒜的检测部位是可食部分，即应去皮后检测，韭菜的检测部位是整株，百合则是检测其鳞茎头，见表9-2。

表9-2　测定部位

农药品种	食品类别	食品名称	最大残留限量（mg/kg）	类别说明	检测部位
甲胺磷	蔬菜类	鳞茎类	0.05	鳞茎葱类：大蒜、洋葱等	可食部分
				绿叶葱类：韭菜、葱等	整株
				百合	鳞茎头
		芸薹属类	0.05	结球芸薹属：结球甘蓝等	整棵
				头状花序芸薹属：花椰菜等	整棵，去除叶
				茎类芸薹属：芥蓝等	整棵，去除根
		水生类	0.05	茎叶类：水芹、茭白等	整棵，茭白去除外皮
				果实类：菱角等	全果（去壳）
				根类：莲藕等	整棵

9.2.3　检测方法选择

GB 2763中的检测方法按农药分类，包括单残留检测方法、同类农残检测方法和多残留检测方法，三类方法相互补充。

（1）单残留检测法

因基质干扰等特殊原因无法纳入同类农残或多残留检测方法的农药，制定的单残留检测方法。

（2）同类农药多残留检测法

对有机磷等同一类农药或同一个检测器可以同时检测的农药，制定的同类农残检测方法。

（3）多残留检测法

对相同检测范围和检测对象制定的一级或二级质谱多残留检测方法。

9.2.4　加工食品农残限量

GB 2763规定了部分加工食品中农药的最大残留限量（MRL），例如，谷物（成品粮、如小麦粉、全麦粉等）；油料和油脂（植物油，如大豆油、菜籽油、花生油、棉籽油等）；干制水果（柑橘脯、李子干、葡萄干等）；饮料（果汁，如蔬菜汁、水果汁等）。

需要注意的是，标明是加工食品的最大残留限量（MRL），适用于加工食品；未加工食品最大残留限量（MRL）不能使用在于加工食品中。

9.2.5　农药种类合并

（1）母体与其盐类合并为一种的农药

GB 2763中有6种农药与其相应的盐，因残留物相同故合并为一类农药，检测结果均以该农药计，例如2,4-滴和2,4-滴钠盐均以2,4-滴计，见表9-3。

表9-3　与盐类合并的农药

序号	索引	名称
1	4.1	2,4-滴和2,4-滴钠盐
2	4.54	单甲脒和单甲脒盐酸盐
3	4.199	氯氟吡氧乙酸和氯氟吡氧乙酸异辛酯
4	4.211	咪鲜胺和咪鲜胺锰盐
5	4.229	萘乙酸和萘乙酸钠
6	4.280	霜霉威和霜霉威盐酸盐

（2）母体与高效异构体合并为一种农药

GB 2763中有9种农药与其高效异构体，因残留物相同故合并为一类农药，检测结果均以该农药计，例如氟吡甲禾灵、高效氟吡甲禾灵均以氟吡甲禾灵计，见表9-4。

表9-4　与高效异构体合并的农药

序号	索引	名称
1	4.104	氟吡甲禾灵和高效氟吡甲禾灵
2	4.118	氟氯氰菊酯和高效氟氯氰菊酯
3	4.158	甲霜灵和精甲霜灵
4	4.170	喹禾灵和精喹禾灵
5	4.200	氯氟氰菊酯和高效氯氟氰菊酯
6	4.205	氯氰菊酯和高效氯氰菊酯
7	4.238	氰戊菊酯和S-氰戊菊酯
8	4.29	吡氟禾草灵和精吡氟禾草灵
9	4.339	异丙甲草胺和精异丙甲草胺

9.2.6　农药母体与残留物关系

（1）残留物为农药母体的衍生物或有效成分

GB 2763中有4种农药的残留物为农药母体的衍生物或有效成分，见表9-5。

表9-5 残留物为母体的衍生物或有效成分

序号	索引	农药母体	残留物	表示方式
1	4.5	矮壮素	矮壮素阳离子	以氯化物表示
2	4.9	百草枯	百草枯阳离子	以二氯百草枯表示
3	4.62	敌草快	敌草快阳离子	以二溴化合物表示
4	4.277	双胍三辛烷基苯磺酸盐	双胍辛胺	

矮壮素在GB 2763中推荐的检测方法为GB/T 5009.219，检测结果以矮壮素氯化物表示；百草枯的推荐检测方法为SN 0340，结果以二氯百草枯表示；敌草快的推荐检测方法为GB/T 5009.221，结果以敌草快二溴化合物表示。

（2）农药母体相同但在不同食物源中残留物不同

GB 2763中有2种农药的残留物在不同食物源中的残留物不同，见表9-6。因为相同的农药母体在植物和动物体内的代谢行为不同而有不一样的残留物。例如，五氯硝基苯在植物源食品中为五氯硝基苯，动物源食品中为五氯硝基苯、五氯苯胺和五氯氧醚之和。氯丹在植物源食品中为顺式氯丹、反式氯丹之和，在动物源食品中为顺式氯丹、反式氯丹与氧氯丹之和，动物源食品中氯丹检测结果的计算需要把氧氯丹转化为氯丹，转换以当量计算。

表9-6 不同食物源不同残留物

序号	索引	农药母体	残留物
1	4.294	五氯硝基苯	植物源食品为五氯硝基苯
			动物源食品为五氯硝基苯、五氯苯胺和五氯苯醚之和
2	4.368	氯丹	植物源食品为顺式氯丹、反式氯丹之和
			动物源食品为顺式氯丹、反式氯丹与氧氯丹之和

（3）农药母体不同但残留物相同

GB 2763中有两类农药的母体不同而残留物相同。表9-7中序号1~7的农药残留物均为二硫代氨基甲酸盐（或酯），以二硫化碳表示，实际检测时多以参数合并。例如SN/T 0711-2011《进出口茶叶中二硫代氨基甲酸酯（盐）类农药残留量的检测方法 液相色谱-质谱 质谱法》中规定了二硫代氨基甲酸酯（盐）类农药残留量的检测方法。表9-7中序号8~9的农药残留物均为磷化氢。

表9-7　农药母体不同残留物相同

序号	索引	农药母体	残留物
1	4.40	丙森锌	二硫代氨基甲酸盐（或酯），以二硫化碳表示
2	4.50	代森铵	二硫代氨基甲酸盐（或酯），以二硫化碳表示
3	4.51	代森联	二硫代氨基甲酸盐（或酯），以二硫化碳表示
4	4.52	代森锰锌	二硫代氨基甲酸盐（或酯），以二硫化碳表示
5	4.53	代森锌	二硫代氨基甲酸盐（或酯），以二硫化碳表示
6	4.126	福美双	二硫代氨基甲酸盐（或酯），以二硫化碳表示
7	4.127	福美锌	二硫代氨基甲酸盐（或酯），以二硫化碳表示
8	4.180	磷化铝	磷化氢
9	4.181	磷化镁	磷化氢

（4）同分异构体农药

GB 2763中有10种存在同分异构体农药。表9-8中序号1~8的农药多以混合物存在，其中高效氯氟氰菊酯、高效氯氰菊酯的高效是指某一种单体（高效体）的含量高，例如高效氯氰菊酯只是氯氰菊酯的一个异构体，即高效体。S-氰戊菊酯又称顺式氰戊菊酯，是活性较高的杀虫剂，仅含顺式异构体。滴滴涕和六六六都有4种同分异构体。这10种农药的计算需按照异构体之和处理，由于同分异构体的相对分子量相同，转化系数为1。

表9-8　同分异构体

序号	索引	农药母体	残留物
1	4.118	氟氯氰菊酯和高效氟氯氰菊酯	氟氯氰菊酯（异构体之和）
2	4.177	联苯菊酯	联苯菊酯（异构体之和）
3	4.200	氯氟氰菊酯和高效氯氟氰菊酯	氯氟氰菊酯（异构体之和）
4	4.203	氯菊酯	氯菊酯（异构体之和）
5	4.205	氯氰菊酯和高效氯氰菊酯	氯氰菊酯（异构体之和）

续表

序号	索引	农药母体	残留物
6	4.238	氰戊菊酯和S-氰戊菊酯	氰戊菊酯（异构体之和）
7	4.257	三氯杀螨醇	三氯杀螨醇（o, p′-异构体和p, p′-异构体之和）
8	4.312	溴氰菊酯	溴氰菊酯（异构体之和）
9	4.363	滴滴涕	p, p′-滴滴涕、o, p′-滴滴涕、p, p′-滴滴伊和p, p′-滴滴滴之和
10	4.367	六六六	α-六六六、β-六六六、γ-六六六和δ-六六六

9.3　示例分析

9.3.1　检测结果的符合性判定

油麦菜样品检测甲胺磷、甲基对硫磷、对硫磷三种农药残留项目，检出浓度分别为0.04mg/kg、0.03mg/kg、0.01mg/kg。该样品的检测结果是否符合GB 2763的规定？

油麦菜属于蔬菜的叶菜类，GB 2763中规定了叶菜类甲胺磷、甲基对硫磷、对硫磷的最大残留限量。

其中甲胺磷的最大残留限量为0.05mg/kg，该样品中甲胺磷的检出浓度为0.04mg/kg，低于最大残留限量值，该项目符合GB 2763的规定。甲基对硫磷的最大残留限量为0.02mg/kg，该样品中甲基对硫磷的检出浓度为0.03mg/kg，高于最大残留限量值，该项目不符合GB 2763的规定。对硫磷的最大残留限量为0.01mg/kg，该样品中对硫磷的检出浓度为0.01mg/kg，等于最大残留限量，该项目符合GB 2763的规定。

需要注意的是，根据农业部第322号公告：自2004年6月30日起，禁止在国内销售和使用含有甲胺磷、甲基对硫磷、对硫磷等5种高毒有机磷农药的

复配产品。但上述禁用的农药可能通过环境残留、空气、水等许多途径残留在食品中，GB 2763对上述禁用农药有限量要求，因此，如果检测结果不高于该农药的最大残留限量，则符合GB 2763的规定。

9.3.2 样品质量的计算

水果样品樱桃，样品称重12.3415g，样品去除樱桃柄后称重12.2651g，再去除樱桃核后称重10.2591g。将去除柄和樱桃核的样品粉碎均匀待测，检测完毕，计算农残含量时，样品质量应为多少？

GB 2763附录A食品类别及测定部位中规定：樱桃，水果（核果类），测定部位为全果（去柄和果核），计算残留量时样品质量应计入果核的质量。因此，计算农残含量时，样品质量为12.2651g。

9.3.3 检测方法的选择

苹果样品检测吡草醚农药残留项目，检测方法如何选择？

GB 2763中4.26规定了苹果中吡草醚的最大残留限量为0.03mg/kg，检测方法按照GB/T 19648、NY/T 1379规定的方法检测。因此，该样品的检测方法GB/T 19648、NY/T 1379均可以选择。

9.3.4 加工食品的农残限量和检测方法

橙汁样品检测邻苯基苯酚农药残留项目，如何确定限量和检测方法？

橙汁是加工食品，不能依据水果中的橙查询最大残留限量，应依据饮料中橙汁查询最大残留限量。GB 2763中4.183规定橙汁的最大残留限量为0.5mg/kg，检测方法为GB/T 19648、SN/T 0597。

9.3.5 测定部位的选择

叶菜类蔬菜样品测定时根部是否需要去掉？瓜类蔬菜样品测定时叶柄是否需要去除？瓜果类水果测定时该不该去瓜皮？

GB 2763规定了叶菜类蔬菜、瓜类蔬菜、瓜果类水果的测定部位。其中叶菜类蔬菜的测定部位为去除根的整棵，瓜类蔬菜的测定部位为去柄后的全瓜，瓜果类水果的测定部位为全瓜。

绿叶类的叶菜由于株型较小，为保证样品的代表性，需要采集多株样品混合制备样品。叶柄类蔬菜测定部位为去除根部的整棵，需要特别说明的是芹菜，芹菜通常的食用部位是茎，但该标准明确说明测定部位是整棵，即制样时不应该把叶子去掉，应该带叶一起粉碎；大白菜每棵体积较大，为保证样品的代表性，可以按照四分法取整棵白菜的一部分，多棵白菜取样后混匀再制备样品。瓜类蔬菜如黄瓜、小型瓜类等，为保证样品的代表性需要取多个样品混合后制备供试样品；冬瓜、南瓜等大型瓜类，可以先用四分法分样，然后取多个样品混合均匀制备待测样品。西瓜、甜瓜类水果的测定部位是全瓜，瓜果类水果的瓜皮部位相对来说较容易残留农药，而且瓜皮一般情况是不直接食用的，按照平时的习惯通常是测定可食部位，因此制备瓜果类水果样品时一定要按要求GB 2763的要求制备。

9.4 相关公告

GB 2763是强制性食品安全国家标准，农业、环保等部门发布的农药禁、限用相关政府公告和通知同样具有法律效力，是广大生产经营者的基本遵循依据，也是食品安全监管部门开展监督执法工作的重要依据。为方便各方使用，汇总梳理如下。

1 农业部公告第2445号

中华人民共和国农业部公告

第2445号

为保障农产品质量安全、生态环境安全和人民生命安全，根据《中华人民共和国食品安全法》《农药管理条例》有关规定，经全国农药登记评审委员会审议，在公开征求意见的基础上，我部决定对2,4-滴丁酯、百草枯、三氯

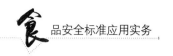

杀螨醇、氟苯虫酰胺、克百威、甲拌磷、甲基异柳磷、磷化铝等8种农药采取以下管理措施。现公告如下。

一、自本公告发布之日起，不再受理、批准2,4-滴丁酯（包括原药、母药、单剂、复配制剂，下同）的田间试验和登记申请；不再受理、批准2,4-滴丁酯境内使用的续展登记申请。保留原药生产企业2,4-滴丁酯产品的境外使用登记，原药生产企业可在续展登记时申请将现有登记变更为仅供出口境外使用登记。

二、自本公告发布之日起，不再受理、批准百草枯的田间试验、登记申请；不再受理、批准百草枯境内使用的续展登记申请。保留母药生产企业产品的出口境外使用登记，母药生产企业可在续展登记时申请将现有登记变更为仅供出口境外使用登记。

三、自本公告发布之日起，撤销三氯杀螨醇的农药登记；自2018年10月1日起，全面禁止三氯杀螨醇销售、使用。

四、自本公告发布之日起，撤销氟苯虫酰胺在水稻作物上使用的农药登记；自2018年10月1日起，禁止氟苯虫酰胺在水稻作物上使用。

五、自本公告发布之日起，撤销克百威、甲拌磷、甲基异柳磷在甘蔗作物上使用的农药登记；自2018年10月1日起，禁止克百威、甲拌磷、甲基异柳磷在甘蔗作物上使用。

六、自本公告发布之日起，生产磷化铝农药产品应当采用内外双层包装。外包装应具有良好密闭性，防水防潮防气体外泄。内包装应具有通透性，便于直接熏蒸使用。内、外包装均应标注高毒标识及"人畜居住场所禁止使用"等注意事项。自2018年10月1日起，禁止销售、使用其他包装的磷化铝产品。

2016年9月7日

2 **农业部公告2289号**

中华人民共和国农业部公告

第2289号

为保障农产品质量安全和生态环境安全，根据《中华人民共和国食品安全法》和《农药管理条例》相关规定，在公开征求意见的基础上，我部决定对杀扑磷等3种农药采取以下管理措施。现公告如下。

一、自2015年10月1日起，撤销杀扑磷在柑橘树上的登记，禁止杀扑磷在柑橘树上使用。

二、自2015年10月1日起，将溴甲烷、氯化苦的登记使用范围和施用方法变更为土壤熏蒸，撤销除土壤熏蒸外的其他登记。溴甲烷、氯化苦应在专业技术人员指导下使用。

2015年8月22日

3 **农业部公告第2032号**

中华人民共和国农业部公告

第2032号

为保障农业生产安全、农产品质量安全和生态环境安全，维护人民生命安全和健康，根据《农药管理条例》的有关规定，经全国农药登记评审委员会审议，决定对氯磺隆、胺苯磺隆、甲磺隆、福美胂、福美甲胂、毒死蜱和三唑磷等7种农药采取进一步禁限用管理措施。现将有关事项公告如下。

一、自2013年12月31日起，撤销氯磺隆（包括原药、单剂和复配制剂，下同）的农药登记证，自2015年12月31日起，禁止氯磺隆在国内销售和使用。

二、自2013年12月31日起，撤销胺苯磺隆单剂产品登记证，自2015年12月31日起，禁止胺苯磺隆单剂产品在国内销售和使用；自2015年7月1日起撤销胺苯磺隆原药和复配制剂产品登记证，自2017年7月1日起，禁止胺苯

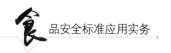

磺隆复配制剂产品在国内销售和使用。

三、自2013年12月31日起，撤销甲磺隆单剂产品登记证，自2015年12月31日起，禁止甲磺隆单剂产品在国内销售和使用；自2015年7月1日起撤销甲磺隆原药和复配制剂产品登记证，自2017年7月1日起，禁止甲磺隆复配制剂产品在国内销售和使用；保留甲磺隆的出口境外使用登记，企业可在2015年7月1日前，申请将现有登记变更为出口境外使用登记。

四、自本公告发布之日起，停止受理福美胂和福美甲胂的农药登记申请，停止批准福美胂和福美甲胂的新增农药登记证；自2013年12月31日起，撤销福美胂和福美甲胂的农药登记证，自2015年12月31日起，禁止福美胂和福美甲胂在国内销售和使用。

五、自本公告发布之日起，停止受理毒死蜱和三唑磷在蔬菜上的登记申请，停止批准毒死蜱和三唑磷在蔬菜上的新增登记；自2014年12月31日起，撤销毒死蜱和三唑磷在蔬菜上的登记，自2016年12月31日起，禁止毒死蜱和三唑磷在蔬菜上使用。

2013年12月9日

4 农业部、工业和信息化部、环境保护部、国家工商行政管理总局、国家质量监督检验检疫总局公告第1586号

农业部、工业和信息化部、环境保护部、国家工商行政管理总局、国家质量监督检验检疫总局公告
第1586号

为保障农产品质量安全、人畜安全和环境安全，经国务院批准，决定对高毒农药采取进一步禁限用管理措施。现将有关事项公告如下。

一、自本公告发布之日起，停止受理苯线磷、地虫硫磷、甲基硫环磷、磷化钙、磷化镁、磷化锌、硫线磷、蝇毒磷、治螟磷、特丁硫磷、杀扑磷、

甲拌磷、甲基异柳磷、克百威、灭多威、灭线磷、涕灭威、磷化铝、氧乐果、水胺硫磷、溴甲烷、硫丹等22种农药新增田间试验申请、登记申请及生产许可申请；停止批准含有上述农药的新增登记证和农药生产许可证（生产批准文件）。

二、自本公告发布之日起，撤销氧乐果、水胺硫磷在柑橘树，灭多威在柑橘树、苹果树、茶树、十字花科蔬菜，硫线磷在柑橘树、黄瓜，硫丹在苹果树、茶树，溴甲烷在草莓、黄瓜上的登记。本公告发布前已生产产品的标签可以不再更改，但不得继续在已撤销登记的作物上使用。

三、自2011年10月31日起，撤销（撤回）苯线磷、地虫硫磷、甲基硫环磷、磷化钙、磷化镁、磷化锌、硫线磷、蝇毒磷、治螟磷、特丁硫磷等10种农药的登记证、生产许可证（生产批准文件），停止生产；自2013年10月31日起，停止销售和使用。

2011年6月15日

5 **关于印发《食品中可能违法添加的非食用物质和易滥用的食品添加剂品种名单（第五批）》的通知（整顿办函〔2011〕1号）**

各省、自治区、直辖市人民政府办公厅，新疆生产建设兵团办公厅：

根据《国务院办公厅关于印发2010年食品安全整顿工作安排的通知》（国办发〔2010〕17号）规定，为深入开展违法添加非食用物质和滥用食品添加剂整顿工作，我办制定了《食品中可能违法添加的非食用物质和易滥用的食品添加剂品种名单（第五批）》，并对前四批已公布名单的部分内容进行了补充、修改。现印发给你们，请依照执行。

附件： 食品中可能违法添加的非食用物质名单（第五批）

备注： 与农残相关内容。

2011年1月3日

食品中可能违法添加的非食用物质名单（第五批）

序号	名称	主要成分	可能添加或存在的食品类别	添加目的	检测方法	可能涉及的环节
1	五氯酚钠	五氯酚钠	河蟹	灭螺、清除野杂鱼	水产品中五氯苯酚及其钠盐残留量的测定　气相色谱法（SC/T 3030-2006）	养殖
2	喹乙醇	喹乙醇	水产养殖饲料	促生长	水产品中喹乙醇代谢物残留量的测定　高效液相色谱法（农业部1077号公告—5-2008）；水产品中喹乙醇残留量的测定　液相色谱法（SC/T 3019-2004）	养殖
3	碱性黄	硫代黄素	大黄鱼	染色	无	流通
4	磺胺二甲嘧啶	磺胺二甲嘧啶	叉烧肉类	防腐	GB/T 20759-2006畜禽肉中十六种磺胺类药物残留量的测定　液相色谱-串联质谱法	餐饮
5	敌百虫	敌百虫	腌制食品	防腐	目前没有检测食品中敌百虫的国家标准方法，可参照《SN0125-92　出口肉及肉制品中敌百虫残留量的检验方法》	生产加工

6　关于印发《食品中可能违法添加的非食用物质和易滥用的食品添加剂名单（第三批）》的通知

各省、自治区、直辖市人民政府办公厅及新疆生产建设兵团办公厅，卫生厅局，工业和信息化主管部门，公安厅局，监察厅局，农业（农牧、畜牧兽医、渔业）厅（局、委、办），商务主管部门，工商局，质量技术监督局，出入境检验检疫局，食品药品监管局：

根据卫生部等九部门《关于开展全国打击违法添加非食用物质和滥用食品添加剂专项整治的紧急通知》的规定，为配合全国打击违法添加非食用物质和滥用食品添加剂专项整治（以下简称专项整治）及国务院部署的食品安全整顿工作的深入开展，专项整治专家委员会提出《食品中可能违法添加的非食用物质和易滥用的食品添加剂名单（第三批）》，经专项整治领导小组研究同意，现印发给你们，请依照执行。

附件：食品中可能违法添加的非食用物质名单（第三批）

2009年5月27日

食品中可能违法添加的非食用物质名单（农残部分）

序号	名称	主要成分	可能添加的主要食品类别	可能的主要作用	检测方法
1	敌敌畏		火腿、鱼干、咸鱼等制品	驱虫	GB/T5009.20-2003食品中有机磷农药残留的测定

7 环境保护部、国家发展和改革委员会、工业和信息化部、住房城乡建设部、农业部、商务部、卫生部、海关总署、国家质量监督检验检疫总局、国家安全生产监督管理总局公告2009年第23号

环境保护部、国家发展和改革委员会、工业和信息化部、住房城乡建设部、
农业部、商务部、卫生部、海关总署、国家质量监督检验检疫总局、
国家安全生产监督管理总局公告
2009年第23号

滴滴涕、氯丹、灭蚁灵和六氯苯是《关于持久性有机污染物的斯德哥尔摩公约》规定限期淘汰的持久性有机污染物。目前，我国滴滴涕主要用于应急病媒防治、三氯杀螨醇生产和防污漆生产，氯丹和灭蚁灵用于白蚁防治，

六氯苯用于五氯酚钠生产。

为保护人类健康和生态环境安全，落实《中华人民共和国履行<关于持久性有机污染物的斯德哥尔摩公约>国家实施计划》和国家有关管理政策，现就停止滴滴涕、氯丹、灭蚁灵及六氯苯的生产、流通、使用和进出口等有关事项公告如下。

一、自2009年5月17日起，禁止在中华人民共和国境内生产、流通、使用和进出口滴滴涕、氯丹、灭蚁灵及六氯苯。紧急情况下用于病媒防治的滴滴涕其生产和使用问题，由有关部门协商解决。

二、各级环保、发展改革、工业和信息化、住房城乡建设、农业、商务、卫生、海关、质检、安全监管等部门，应按照国家有关法律法规的规定，加强对以上四种持久性有机污染物生产、流通、使用和进出口的监督管理。一旦发现生产、销售、使用和进出口滴滴涕、氯丹、灭蚁灵、六氯苯及含有这些物质的化学制品或物品的，应依法进行查处。

2009年4月16日

8 农业部、工业和信息化部、环境保护部公告第1157号

农业部、工业和信息化部、环境保护部公告
第1157号

鉴于氟虫腈对甲壳类水生生物和蜜蜂具有高风险，在水和土壤中降解慢，按照《农药管理条例》的规定，根据我国农业生产实际，为保护农业生产安全、生态环境安全和农民利益，经全国农药登记评审委员会审议，现就加强氟虫腈管理的有关事项公告如下。

一、自本公告发布之日起，除卫生用、玉米等部分旱田种子包衣剂和专供出口产品外，停止受理和批准用于其他方面含氟虫腈成分农药制剂的田间试验、农药登记（包括正式登记、临时登记、分装登记）和生产批准证书。

二、自2009年4月1日起，除卫生用、玉米等部分旱田种子包衣剂和专供出口产品外，撤销已批准的用于其他方面含氟虫腈成分农药制剂的登记和（或）生产批准证书。同时，农药生产企业应当停止生产已撤销登记和生产批准证书的农药制剂。

三、自2009年10月1日起，除卫生用、玉米等部分旱田种子包衣剂外，在我国境内停止销售和使用用于其他方面的含氟虫腈成分的农药制剂。农药生产企业和销售单位应当确保所销售的相关农药制剂使用安全，并妥善处置市场上剩余的相关农药制剂。

四、专供出口含氟虫腈成分的农药制剂只能由氟虫腈原药生产企业生产。生产企业应当办理生产批准证书和专供出口的农药登记证或农药临时登记证。

五、在我国境内生产氟虫腈原药的生产企业，其建设项目环境影响评价文件依法获得有审批权的环境保护行政主管部门同意后，方可申请办理农药登记和生产批准证书。已取得农药登记和生产批准证书的生产企业，要建立可追溯的氟虫腈生产、销售记录，不得将含有氟虫腈的产品销售给未在我国取得卫生用、玉米等部分旱田种子包衣剂农药登记和生产批准证书的生产企业。

各级农业、工业生产、环境保护行政主管部门，应当加大对含有氟虫腈农药产品的生产和市场监督检查力度，引导农民科学选购与使用农药，确保农业生产和环境安全。

2009年2月25日

9 **国家发展改革委、农业部、国家工商总局、国家质检验检疫总局、国家环保总局公告2008年第1号**

国家发展改革委、农业部、国家工商总局、国家质检验检疫总局、

国家环保总局公告

2008年第1号

为保障农产品质量安全，经国务院批准，决定停止甲胺磷等五种高毒农

药的生产、流通、使用。现就有关事项公告如下。

一、五种高毒农药为：甲胺磷、对硫磷、甲基对硫磷、久效磷、磷胺，化学名称分别为：O,S-二甲基氨基硫代磷酸酯、O,O-二乙基-O-（4-硝基苯基）硫代磷酸酯、O,O-二甲基-O-（4-硝基苯基）硫代磷酸酯、O,O-二甲基-O-［1-甲基-2-（甲基氨基甲酰）］乙烯基磷酸酯、O,O-二甲基-O-［1-甲基-2-氯-2-（二乙基氨基甲酰）］乙烯基磷酸酯。

二、自本公告发布之日起，废止甲胺磷、对硫磷、甲基对硫磷、久效磷、磷胺的农药产品登记证、生产许可证和生产批准证书。

三、本公告发布之日起，禁止甲胺磷、对硫磷、甲基对硫磷、久效磷、磷胺在国内的生产、流通。

四、本公告发布之日前已签定有效出口合同的生产企业，限于履行合同，可继续生产至2008年12月31日，其生产、出口等按照《危险化学品安全管理条例》《化学品首次进口及有毒化学品进出口管理规定》等法律法规执行。

五、本公告发布之日起，禁止甲胺磷、对硫磷、甲基对硫磷、久效磷、磷胺在国内以单独或与其他物质混合等形式的使用。

六、各级发展改革（经贸）、农业、工商、质量监督检验、环保、安全监管等行政管理部门，要按照《农药管理条例》等有关法律法规的规定，加强对农药生产、流通、使用的监督管理。对非法生产、销售、使用甲胺磷、对硫磷、甲基对硫磷、久效磷、磷胺的，要依法进行查处。

2008年1月9日

10 **农业部公告第747号**

中华人民共和国农业部公告

第747号

农药增效剂八氯二丙醚（Octachlorodipropyl ether，S2或S421）在生产、使

用过程中对人畜安全具有较大风险和危害。根据《农药管理条例》有关规定，经农药登记评审委员会审议，我部决定进一步加强对含有八氯二丙醚农药产品的管理。现公告如下。

一、自本公告发布之日起，停止受理和批准含有八氯二丙醚的农药产品登记。

二、自2007年3月1日起，撤销已经批准的所有含有八氯二丙醚的农药产品登记。

三、自2008年1月1日起，不得销售含有八氯二丙醚的农药产品。对已批准登记的农药产品，如果发现含有八氯二丙醚成分，我部将根据《农药管理条例》有关规定撤销其农药登记。

2006年11月20日

11 农业部、国家发展和改革委员会、国家工商行政管理总局、国家质量监督检验检疫总局公告第632号

中华人民共和国农业部、国家发展和改革委员会、国家工商行政管理总局、

国家质量监督检验检疫总局公告

第632号

为贯彻落实甲胺磷、对硫磷、甲基对硫磷、久效磷和磷胺5种高毒有机磷农药（以下简称甲胺磷等5种高毒有机磷农药）削减计划，确保自2007年1月1日起，全面禁止甲胺磷等5种高毒有机磷农药在农业上使用，现将有关事项公告如下。

一、自2007年1月1日起，全面禁止在国内销售和使用甲胺磷等5种高毒有机磷农药。撤销所有含甲胺磷等5种高毒有机磷农药产品的登记证和生产许可证（生产批准证书）。保留用于出口的甲胺磷等5种高毒有机磷农药生产能力，其农药产品登记证、生产许可证（生产批准证书）发放和管理的具体规

定另行制定。

二、各农药生产单位要根据市场需求安排生产计划，以销定产，避免因甲胺磷等5种高毒有机磷农药生产过剩而造成积压和损失。对在2006年底尚未售出的产品，一律由本单位负责按照环境保护的有关规定进行处理。

三、各农药经营单位要按照农业生产的实际需要，严格控制甲胺磷等5种高毒有机磷农药进货数量。对在2006年底尚未销售的产品，一律由本单位负责按照环境保护的有关规定进行处理。

四、各农药使用者和广大农户要有计划地选购含甲胺磷等5种高毒有机磷农药的产品，确保在2006年底前全部使用完。

五、各级农业、发展改革（经贸）、工商、质量监督检验等行政管理部门，要按照《农药管理条例》和相关法律法规的规定，明确属地管理原则，加强组织领导，加大资金投入，搞好禁止生产销售使用政策、替代农药产品和科学使用技术的宣传、指导和培训。同时，加强农药市场监督管理，确保按期实现禁用计划。自2007年1月1日起，对非法生产、销售和使用甲胺磷等5种高毒有机磷农药的，要按照生产、销售和使用国家明令禁止农药的违法行为依法进行查处。

2006年4月4日

12 农业部公告第560号

中华人民共和国农业部公告
第560号

为加强兽药标准管理，保证兽药安全有效、质量可控和动物性食品安全，根据《兽药管理条例》和农业部第426号公告规定，现公布首批《兽药地方标准废止目录》（见附件，以下简称《废止目录》），并就有关事项公告如下。

一、经兽药评审后确认，以下兽药地方标准不符合安全有效审批原则，予以废止。一是沙丁胺醇、呋喃西林、呋喃妥因和替硝唑，属于我部明文（农业部193号公告）禁用品种；卡巴氧因安全性问题、万古霉素因耐药性问题会影响我国动物性食品安全、公共卫生以及动物性食品出口。二是金刚烷胺类等人用抗病毒药移植兽用，缺乏科学规范、安全有效实验数据，用于动物病毒性疫病不但给动物疫病控制带来不良后果，而且影响国家动物疫病防控政策的实施。三是头孢哌酮等人医临床控制使用的最新抗菌药物用于食品动物，会产生耐药性问题，影响动物疫病控制、食品安全和人类健康。四是代森铵等农用杀虫剂、抗菌药用作兽药，缺乏安全有效数据，对动物和动物性食品安全构成威胁。五是人用抗疟药和解热镇痛、胃肠道药品用于食品动物，缺乏残留检测试验数据，会增加动物性食品中药物残留危害。六是组方不合理、疗效不确切的复方制剂，增加了用药风险和不安全因素。

二、本公告发布之日，凡含有《废止目录》序号1~4药物成分的所有兽用原料药及其制剂地方质量标准，属于《废止目录》序号5的复方制剂地方质量标准均予同时废止。

三、列入《废止目录》序号1的兽药品种为农业部193号公告的补充，自本公告发布之日起，停止生产、经营和使用，违者按照《兽药管理条例》实施处罚，并依法追究有关责任人的责任。企业所在地兽医行政管理部门应自本公告发布之日起15个工作日内完成该类产品批准文号的注销、库存产品的清查和销毁工作，并于12月底将上述情况及数据上报我部。

四、对列入《废止目录》序号2~5的产品，企业所在地兽医行政管理部门应自本公告发布之日起30个工作日内完成产品批准文号注销工作，并对生产企业库存产品进行核查、统计，于12月底前将产品批准文号注销情况（包括企业名称、批准文号、产品名称及商品名）及产品库存详细情况上报我部，我部将于年底前汇总公布。

五、列入《废止目录》序号2~5的产品自注销文号之日起停止生产，自本公告发布之日起6个月后，不得再经营和使用，违者按生产、经营和使用假

劣兽药处理。对伪造、变更生产日期继续从事生产的，依法严厉处罚，并吊销其所有产品批准文号。

六、阿散酸、洛克沙胂等产品属农业部严格限制定点生产的产品，自本公告发布之日起，地方审批的洛克沙胂及其预混剂，氨苯胂酸及其预混剂不得生产、经营和使用。企业所在地兽医行政管理部门应在12月底前完成该类产品批准文号注销工作，并将有关情况上报我部。

七、为满足动物疫病防控用药需要并保障用药安全，促进新兽药研发工作，在保证兽药安全有效，维护人体健康和生态环境安全的前提下，各相关单位可在规定时期内对《废止目录》中的部分品种履行兽药注册申报手续。其中，列入《废止目录》序号3的品种5年后可受理注册申报，列入序号2、4、5的品种自本公告发布之日起可受理注册申报。

2005年10月28日

附件：

兽药地方标准废止目录

序号	类别	名称/组方
1	禁用兽药	β-兴奋剂类：沙丁胺醇及其盐、酯及制剂
		硝基呋喃类：呋喃西林、呋喃妥因及其盐、酯及制剂
		硝基咪唑类：替硝唑及其盐、酯及制剂
		抗生素类：万古霉素及其盐、酯及制剂
		喹噁啉类：卡巴氧及其盐、酯及制剂
2	抗病毒药物	金刚烷胺、金刚乙胺、阿昔洛韦、吗啉（双）胍（病毒灵）、利巴韦林等及其盐、酯及单、复方制剂
3	抗生素、合成抗菌药及农药	抗生素、合成抗菌药：头孢哌酮、头孢噻肟、头孢曲松（头孢三嗪）、头孢噻吩、头孢拉啶、头孢唑啉、头孢噻啶、罗红霉素、克拉霉素、阿奇霉素、磷霉素、硫酸奈替米星（netilmicin）、氟罗沙星、司帕沙星、甲替沙星、克林霉素（氯林可霉素、氯洁霉素）、妥布霉素、胍哌甲基四环素、盐酸甲烯土霉素（美他环素）、两性霉素、利福霉素等及其盐、酯及单、复方制剂
		农药：井冈霉素、浏阳霉素、赤霉素及其盐、酯及单、复方制剂

续表

序号	类别	名称/组方
4	解热阵痛类等其他药物	双嘧达莫（dipyridamole预防血栓栓塞性疾病）、聚肌胞、氟胞嘧啶、代森铵（农用杀虫菌剂）、磷酸伯氨喹、磷酸氯喹（抗疟药）、异噻唑啉酮（防腐杀菌）、盐酸地酚诺酯（解热镇痛）、盐酸溴己新（祛痰）、西咪替丁（抑制人胃酸分泌）、盐酸甲氧氯普胺、甲氧氯普胺（盐酸胃复安）、比沙可啶（bisacodyl泻药）、二羟丙茶碱（平喘药）、白细胞介素-2、别嘌醇、多抗甲素（α-甘露聚糖肽）等及其盐、酯及制剂
5	复方制剂	注射用的抗生素与安乃近、氟喹诺酮类等化学合成药物的复方制剂 镇静类药物与解热镇痛药等治疗药物组成的复方制剂

13 农业部公告第322号

中华人民共和国农业部公告

第322号

　　为提高我国农药应用水平，保护人民生命安全和健康，保护环境，增强农产品的市场竞争力，促进农药工业结构调整和产业升级，经全国农药登记评审委员会审议，我部决定分三个阶段削减甲胺磷、对硫磷、甲基对硫磷、久效磷和磷胺5种高毒有机磷农药（以下简称甲胺磷等5种高毒有机磷农药）的使用，自2007年1月1日起，全面禁止甲胺磷等5种高毒有机磷农药在农业上使用。现将有关事项公告如下。

　　一、自2004年1月1日起，撤销所有含甲胺磷等5种高毒有机磷农药的复配产品的登记证（具体名单另行公布）。自2004年6月30日起，禁止在国内销售和使用含有甲胺磷等5种高毒有机磷农药的复配产品。

　　二、自2005年1月1日起，除原药生产企业外，撤销其他企业含有甲胺磷等5种高毒有机磷农药的制剂产品的登记证（具体名单另行公布）。同时将原药生产企业保留的甲胺磷等5种高毒有机磷农药的制剂产品的作用范围缩减为：棉花、水稻、玉米和小麦4种作物。

三、自2007年1月1日起，撤销含有甲胺磷等5种高毒有机磷农药的制剂产品的登记证（具体名单另行公布），全面禁止甲胺磷等5种高毒有机磷农药在农业上使用，只保留部分生产能力用于出口。

2003年12月30日

 14 农业部公告第274号

中华人民共和国农业部公告

第274号

为加强农药管理，逐步削减高毒农药的使用，保护人民生命安全和健康，增强我国农产品的市场竞争力，经全国农药登记评审委员会审议，我部决定撤销甲胺磷等5种高毒农药混配制剂登记，撤销丁酰肼在花生上的登记，强化杀鼠剂管理。现将有关事项公告如下。

一、撤销甲胺磷等5种高毒有机磷农药混配制剂登记。自2003年12月31日起，撤销所有含甲胺磷、对硫磷、甲基对硫磷、久效磷和磷胺5种高毒有机磷农药的混配制剂的登记（具体名单由农业部农药检定所公布）。自公告之日起，不再批准含以上5种高毒有机磷农药的混配制剂和临时登记有效期超过4年的单剂的续展登记。自2004年6月30日起，不得在市场上销售含以上5种高毒有机磷农药的混配制剂。

二、撤销丁酰肼在花生上的登记。自公告之日起，撤销丁酰肼（比久）在花生上的登记，不得在花生上使用含丁酰肼（比久）的农药产品。相关农药生产企业在2003年6月1日前到农业部农药检定所换取农药临时登记证。

三、自2003年6月1日起，停止批准杀鼠剂分装登记，以批准的杀鼠剂分装登记不再批准续展登记。

2003年4月30日

15 农业部公告第235号

中华人民共和国农业部公告

第235号

为加强兽药残留监控工作，保证动物性食品卫生安全，根据《兽药管理条例》规定，我部组织修订了《动物性食品中兽药最高残留限量》，现予发布，请各地遵照执行。自发布之日起，原发布的《动物性食品中兽药最高残留限量》(农牧发〔1999〕17号)同时废止。

附件：动物性食品中兽药最高残留限量注释

动物性食品中兽药最高残留限量由附录1、附录2、附录3、附录4组成。

1. 凡农业部批准使用的兽药，按质量标准、产品使用说明书规定用于食品动物，不需要制定最高残留限量的，见附录1。

2. 凡农业部批准使用的兽药，按质量标准、产品使用说明书规定用于食品动物，需要制定最高残留限量的，见附录2。

3. 凡农业部批准使用的兽药，按质量标准、产品使用说明书规定可以用于食品动物，但不得检出兽药残留的，见附录3。

4. 农业部明文规定禁止用于所有食品动物的兽药，见附录4。

2002年12月24日

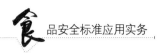
附录1 动物性食品允许使用，但不需要制定残留限量的药物

（附录1不涉及禁、限用的农药品种）

附录2 已批准的动物性食品中最高残留限量规定

药物名	标志残留物	动物种类	靶组织	残留限量
阿灭丁（阿维菌素）Abamectin ADI：0~2	Avermectin B₁a	牛（泌乳期禁用）	脂肪	100
			肝	100
			肾	50
		羊（泌乳期禁用）	肌肉	25
			脂肪	50
			肝	25
			肾	20
双甲脒 Amitraz ADI：0~3	Amritraz+2,4–DMA 的总量	牛	脂肪	200
			肝	200
			肾	200
			奶	10
		羊	脂肪	400
			肝	100
			肾	200
			奶	10
		猪	皮+脂	400
			肝	200
			肾	200
		禽	肌肉	10
			脂肪	10
			副产品	50
		蜜蜂	蜂蜜	200
蝇毒磷 Coumaphos ADI：0~0.25	Coumaphos 和氧化物	蜜蜂	蜂蜜	100

续表

药物名	标志残留物	动物种类	靶组织	残留限量
溴氰菊酯 Deltamethrin ADI：0~10	Deltamethrin	牛/羊	肌肉	30
			脂肪	500
			肝	50
			肾	50
		牛	奶	30
		鸡	肌肉	30
			皮+脂	500
			肝	50
			肾	50
			蛋	30
		鱼	肌肉	30
二嗪农 Diazinon ADI：0~2	Diazinon	牛/羊	奶	20
		牛/猪/羊	肌肉	20
			脂肪	700
			肝	20
			肾	20
敌敌畏 Dichlorvos ADI：0~4	Dichlorvos	牛/羊/马	肌肉	20
			脂肪	20
			副产品	20
		猪	肌肉	100
			脂肪	100
			副产品	200
		鸡	肌肉	50
			脂肪	50
			副产品	50
倍硫磷 Fenthion	Fenthion & metabolites	牛/猪/禽	肌肉	100
			脂肪	100
			副产品	100
氰戊菊酯 Fenvalerate ADI：0~20	Fenvalerate	牛/羊/猪	肌肉	1000
			脂肪	1000
			副产品	20
		牛	奶	100

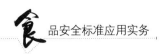

续表

药物名	标志残留物	动物种类	靶组织	残留限量
氟氯苯氰菊酯 Flumethrin ADI：0~1.8	Flumethrin（sum of trans-Z-isomers）	牛	肌肉	10
			脂肪	150
			肝	20
			肾	10
			奶	30
		羊（产奶期禁用）	肌肉	10
			脂肪	150
			肝	20
			肾	10
氟胺氰菊酯 Flunalinate	Flunalinate	所有动物	肌肉	10
			脂肪	10
			副产品	10
		蜜蜂	蜂蜜	50
伊维菌素 Ivermectin ADI：0~1	22,23-Dihydro-avermectin Bla	牛	肌肉	10
			脂肪	40
			肝	100
			奶	10
		猪/羊	肌肉	20
			脂肪	20
			肝	15
马拉硫磷 Malathion	Malathion	牛/羊/猪/禽/马	肌肉	4000
			脂肪	4000
			副产品	4000
辛硫磷 Phoxim ADI：0~4	Phoxim	牛/猪/羊	肌肉	50
			脂肪	400
			肝	50
			肾	50
		牛	奶	10
巴胺磷 Propetamphos ADI：0~0.5	Propetamphos	羊	脂肪	90
			肾	90

续表

药物名	标志残留物	动物种类	靶组织	残留限量
敌百虫 Trichlorfon ADI：0~20	Trichlorfon	牛	肌肉	50
			脂肪	50
			肝	50
			肾	50
			奶	50

注：本表略去了非农药品种。

附录3　允许作治疗用，但不得在动物性食品中检出的药物

（附录3不涉及农药品种，略去内容）

附录4　禁止使用的药物，在动物性食品中不得检出

药物名称	禁用动物种类	靶组织
林丹 Lindane	所有食品动物	所有可食组织
毒杀芬（氯化烯）Camahechlor	所有食品动物	所有可食组织
呋喃丹（克百威）Carbofuran	所有食品动物	所有可食组织
杀虫脒（克死螨）Chlordimeform	所有食品动物	所有可食组织
双甲脒 Amitraz	水生食品动物	所有可食组织
锥虫砷胺 Tryparsamile	所有食品动物	所有可食组织
五氯酚酸钠 Pentachlorophenol sodium	所有食品动物	所有可食组织
氯化亚汞（甘汞）Calomel	所有食品动物	所有可食组织
硝酸亚汞 Mercurous nitrate	所有食品动物	所有可食组织
醋酸汞 Mercurous acetate	所有食品动物	所有可食组织
吡啶基醋酸汞 Pyridyl mercurous acetate	所有食品动物	所有可食组织

注：本表略去了非农药品种。

名词定义

1. 兽药残留（Residues of Veterinary Drugs）：指食品动物用药后，动物产品的任何食用部分中与所有药物有关的物质的残留，包括原型药物或/和其代谢产物。

2. 总残留（Total Residue）：指对食品动物用药后，动物产品的任何食用

部分中药物原型或/和其所有代谢产物的总和。

3. 日允许摄入量（ADI：Acceptable Daily Intake）：是指人一生中每日从食物或饮水中摄取某种物质而对健康没有明显危害的量，以人体重为基础计算，单位为μg/kg 体重/天。

4. 最高残留限量（MRL：Maximum Residue Limit）：对食品动物用药后产生的允许存在于食物表面或内部的该兽药残留的最高量/浓度（以鲜重计，表示为μg/kg）。

5. 食品动物（Food-Producing Animal）：指各种供人食用或其产品供人食用的动物。

6. 鱼（Fish）：指众所周知的任一种水生冷血动物。包括鱼纲（Pisces）、软骨鱼（Elasmobranchs）和圆口鱼（Cyclostomes），不包括水生哺乳动物、无脊椎动物和两栖动物。但应注意，此定义可适用于某些无脊椎动物，特别是头足动物（Cephalopods）。

7. 家禽（Poultry）：指包括鸡、火鸡、鸭、鹅、珍珠鸡和鸽在内的家养的禽。

8. 动物性食品（Animal Derived Food）：全部可食用的动物组织以及蛋和奶。

9. 可食组织（Edible Tissues）：全部可食用的动物组织，包括肌肉和脏器。

10. 皮＋脂（Skin with fat）：是指带脂肪的可食皮肤。

11. 皮＋肉（Muscle with skin）：一般是特指鱼的带皮肌肉组织。

12. 副产品（Byproducts）：除肌肉、脂肪以外的所有可食组织，包括肝、肾等。

13. 肌肉（Muscle）：仅指肌肉组织。

14. 蛋（Egg）：指家养母鸡的带壳蛋。

15. 奶（Milk）：指由正常乳房分泌而得，经一次或多次挤奶，既无加入也未经提取的奶。此术语也可用于处理过但未改变其组分的奶，或根据国家立法已将脂肪含量标准化处理过的奶。

16 农业部公告第199号

中华人民共和国农业部公告
第199号

为从源头上解决农产品尤其是蔬菜、水果、茶叶的农药残留超标问题，我部在对甲胺磷等5种高毒有机磷农药加强登记管理的基础上，又停止受理一批高毒、剧毒农药的登记申请，撤销一批高毒农药在一些作物上的登记。现公布国家明令禁止使用的农药和不得在蔬菜、果树、茶叶、中草药材上使用的高毒农药品种清单。

一、国家明令禁止使用的农药

六六六（HCH），滴滴涕（DDT），毒杀芬（camphechlor），二溴氯丙烷（dibromochloropane），杀虫脒（chlordimeform），二溴乙烷（EDB），除草醚（nitrofen），艾氏剂（aldrin），狄氏剂（dieldrin），汞制剂（mercurycompounds），砷（arsena）、铅（acetate）类，敌枯双，氟乙酰胺（fluoroacetamide），甘氟（gliftor），毒鼠强（tetramine），氟乙酸钠（sodiumfluoroacetate），毒鼠硅（silatrane）。

二、在蔬菜、果树、茶叶、中草药材上不得使用和限制使用的农药

甲胺磷（methamidophos），甲基对硫磷（parathion-methyl），对硫磷（parathion），久效磷（monocrotophos），磷胺（phosphamidon），甲拌磷（phorate），甲基异柳磷（isofenphos-methyl），特丁硫磷（terbufos），甲基硫环磷（phosfolan-methyl），治螟磷（sulfotep），内吸磷（demeton），克百威（carbofuran），涕灭威（aldicarb），灭线磷（ethoprophos），硫环磷（phosfolan），蝇毒磷（coumaphos），地虫硫磷（fonofos），氯唑磷（isazofos），苯线磷（fenamiphos）19种高毒农药不得用于蔬菜、果树、茶叶、中草药材上。三氯杀螨醇（dicofol），氰戊菊酯（fenvalerate）不得用于茶树上。任何农药产品都不得超出农药登记批准的使用范围使用。

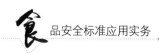

各级农业部门要加大对高毒农药的监管力度，按照《农药管理条例》的有关规定，对违法生产、经营国家明令禁止使用的农药的行为，以及违法在果树、蔬菜、茶叶、中草药材上使用不得使用或限用农药的行为，予以严厉打击。各地要做好宣传教育工作，引导农药生产者、经营者和使用者生产、推广和使用安全、高效、经济的农药，促进农药品种结构调整步伐，促进无公害农产品生产发展。

2002年6月5日

17 农业部公告第194号

中华人民共和国农业部公告

第194号

为了促进无公害农产品生产的发展，保证农产品质量安全，增强我国农产品的国际市场竞争力，经全国农药登记评审委员会审议，我部决定，在2000年对甲胺磷等5种高毒有机磷农药加强登记管理的基础上，再停止受理一批高毒、剧毒农药的登记申请，撤销一批高毒农药在一些作物上的登记，现将有关事项公告如下。

停止受理甲拌磷等11种高毒、剧毒农药新增登记

自公告之日起，停止受理甲拌磷（phorate）、氧乐果（omethoate）、水胺硫磷（isocarbophos）、特丁硫磷（terbufos）、甲基硫环磷（phosfolan-methyl）、治螟磷（sulfotep）、甲基异柳磷（isofenphos-methyl）、内吸磷（demeton）、涕灭威（aldicarb）、克百威（carbofuran）、灭多威（methomyl）等11种高毒、剧毒农药（包括混剂）产品的新增临时登记申请；已受理的产品，其申请者在3个月内，未补齐有关资料的，则停止批准登记。通过缓释技术等生产的低毒化剂型，或用于种衣剂、杀线虫剂的，经农业部农药临时登记评审委员会专题审查通过，可以受理其临时登记申请。对已经批准登记的农药（包括混剂）产品，我

部将商有关部门，根据农业生产实际和可持续发展的要求，分批分阶段限制其使用作物。

二、停止批准高毒、剧毒农药分装登记

自公告之日起，停止批准含有高毒、剧毒农药产品的分装登记。对已批准分装登记的产品，其农药临时登记证到期不再办理续展登记。

三、撤销部分高毒农药在部分作物上的登记

自2002年6月1日起，撤销下列高毒农药（包括混剂）在部分作物上的登记：氧乐果在甘蓝上，甲基异柳磷在果树上，涕灭威在苹果树上，克百威在柑橘树上，甲拌磷在柑橘树上，特丁硫磷在甘蔗上。

所有涉及以上撤销登记产品的农药生产企业，须在本公告发布之日起3个月之内，将撤销登记产品的农药登记证（或农药临时登记证）交回农业部农药检定所；如果撤销登记产品还取得了在其他作物上的登记，应携带新设计的标签和农药登记证（或农药临时登记证），向农业部农药检定所更换新的农药登记证（或农药临时登记证）。

各省、自治区、直辖市农业行政主管部门和所属的农药检定机构要将农药登记管理的有关事项尽快通知到辖区内农药生产企业，并将执行过程中的情况和问题，及时报送我部种植业管理司和农药检定所。

2002年4月22日

18 农业部公告第193号

中华人民共和国农业部公告
第193号

为保证动物源性食品安全，维护人民身体健康，根据《兽药管理条例》的规定，我部制定了《食品动物禁用的兽药及其他化合物清单》（以下简称《禁用清单》），现公告如下。

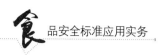

一、《禁用清单》序号1~18所列品种的原料药及其单方、复方制剂产品停止生产，已在兽药国家标准、农业部专业标准及兽药地方标准中收载的品种，废止其质量标准，撤销其产品批准文号；已在我国注册登记的进口兽药，废止其进口兽药质量标准，注销其《进口兽药登记许可证》。

二、截至2002年5月15日，《禁用清单》序号1~18所列品种的原料药及其单方、复方制剂产品停止经营和使用。

三、《禁用清单》序号19~21所列品种的原料药及其单方、复方制剂产品不准以抗应激、提高饲料报酬、促进动物生长为目的在食品动物饲养过程中使用。

食品动物禁用的兽药及其他化合物清单

序号	兽药及其他化合物名称	禁止用途	禁用动物
1	β-兴奋剂类：克仑特罗 Clenbuterol、沙丁胺醇 Salbutamol、西马特罗 Cimaterol 及其盐、酯及制剂	所有用途	所有食品动物
2	性激素类：己烯雌酚 Diethylstilbestrol 及其盐、酯及制剂	所有用途	所有食品动物
3	具有雌激素样作用的物质：玉米赤霉醇 Zeranol、去甲雄三烯醇酮 Trenbolone、醋酸甲孕酮 Mengestrol acetate 及制剂	所有用途	所有食品动物
4	氯霉素 Chloramphenicol 及其盐、酯（包括琥珀氯霉素 Chloramphenicol succinate）及制剂	所有用途	所有食品动物
5	氨苯砜 Dapsone 及制剂	所有用途	所有食品动物
6	硝基呋喃类：呋喃唑酮 Furazolidone、呋喃它酮 Furaltadone、呋喃苯烯酸钠 Nifurstyrenate sodium 及制剂	所有用途	所有食品动物
7	硝基化合物：硝基酚钠 Sodium nitrophenolate、硝呋烯腙 Nitrovin 及制剂	所有用途	所有食品动物
8	催眠、镇静类：安眠酮 Methaqualone 及制剂	所有用途	所有食品动物
9	林丹（丙体六六六）Lindane	杀虫剂	所有食品动物

续表

序号	兽药及其他化合物名称	禁止用途	禁用动物
10	毒杀芬（氯化烯）Camahechlor	杀虫剂、清塘剂	所有食品动物
11	呋喃丹（克百威）Carbofuran	杀虫剂	所有食品动物
12	杀虫脒（克死螨）Chlordimeform	杀虫剂	所有食品动物
13	双甲脒 Amitraz	杀虫剂	水生食品动物
14	酒石酸锑钾 Antimony potassium tartrate	杀虫剂	所有食品动物
15	锥虫胂胺 Tryparsamide	杀虫剂	所有食品动物
16	孔雀石绿 Malachitegreen	抗菌、杀虫剂	所有食品动物
17	五氯酚酸钠 Pentachlorophenol sodium	杀螺剂	所有食品动物
18	各种汞制剂包括：氯化亚汞（甘汞）Calomel，硝酸亚汞 Mercurous nitrate、醋酸汞 Mercurous acetate、吡啶基醋酸汞 Pyridyl mercurous acetate	杀虫剂	所有食品动物
19	性激素类：甲基睾丸酮 Methyltestosterone、丙酸睾酮 Testosterone Propionate、苯丙酸诺龙 Nandrolone phenylpropionate、苯甲酸雌二醇 Estradiol benzoate 及其盐、酯及制剂	促生长	所有食品动物
20	催眠、镇静类：氯丙嗪 Chlorpromazine、地西泮（安定）Diazepam 及其盐、酯及制剂	促生长	所有食品动物
21	硝基咪唑类：甲硝唑 Metronidazole、地美硝唑 Dimetronidazole 及其盐、酯及制剂	促生长	所有食品动物

注：食品动物是指各种供人食用或其产品供人食用的动物。

2002年4月9日

附录

预包装食品标签通则

（GB 7718—2011）

前　言

本标准代替GB 7718-2004《预包装食品标签通则》。

本标准与GB 7718-2004相比，主要变化如下：

——修改了适用范围；

——修改了预包装食品和生产日期的定义，增加了规格的定义，取消了保存期的定义；

——修改了食品添加剂的标示方式；

——增加了规格的标示方式；

——修改了生产者、经销者的名称、地址和联系方式的标示方式；

——修改了强制标示内容的文字、符号、数字的高度不小于1.8mm时的包装物或包装容器的最大表面面积；

——增加了食品中可能含有致敏物质时的推荐标示要求；

——修改了附录A中最大表面面积的计算方法；

——增加了附录B和附录C。

1 范围

本标准适用于直接提供给消费者的预包装食品标签和非直接提供给消费者的预包装食品标签。

本标准不适用于为预包装食品在储藏运输过程中提供保护的食品储运包装标签、散装食品和现制现售食品的标识。

2 术语和定义

2.1 预包装食品

预先定量包装或者制作在包装材料和容器中的食品，包括预先定量包装以及预先定量制作在包装材料和容器中并且在一定量限范围内具有统一的质量或体积标识的食品。

2.2 食品标签

食品包装上的文字、图形、符号及一切说明物。

2.3 配料

在制造或加工食品时使用的，并存在（包括以改性的形式存在）于产品中的任何物质，包括食品添加剂。

2.4 生产日期（制造日期）

食品成为最终产品的日期，也包括包装或灌装日期，即将食品装入（灌入）包装物或容器中，形成最终销售单元的日期。

2.5 保质期

预包装食品在标签指明的贮存条件下，保持品质的期限。在此期限内，产品完全适于销售，并保持标签中不必说明或已经说明的特有品质。

2.6 规格

同一预包装内含有多件预包装食品时，对净含量和内含件数关系的表述。

2.7 主要展示版面

预包装食品包装物或包装容器上容易被观察到的版面。

3 基本要求

3.1 应符合法律、法规的规定，并符合相应食品安全标准的规定。

3.2 应清晰、醒目、持久，应使消费者购买时易于辨认和识读。

3.3 应通俗易懂、有科学依据，不得标示封建迷信、色情、贬低其他食品或

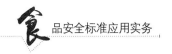

违背营养科学常识的内容。

3.4 应真实、准确，不得以虚假、夸大、使消费者误解或欺骗性的文字、图形等方式介绍食品，也不得利用字号大小或色差误导消费者。

3.5 不应直接或以暗示性的语言、图形、符号，误导消费者将购买的食品或食品的某一性质与另一产品混淆。

3.6 不应标注或者暗示具有预防、治疗疾病作用的内容，非保健食品不得明示或者暗示具有保健作用。

3.7 不应与食品或者其包装物（容器）分离。

3.8 应使用规范的汉字（商标除外）。具有装饰作用的各种艺术字，应书写正确，易于辨认。

3.8.1 可以同时使用拼音或少数民族文字，拼音不得大于相应汉字。

3.8.2 可以同时使用外文，但应与中文有对应关系（商标、进口食品的制造者和地址、国外经销者的名称和地址、网址除外）。所有外文不得大于相应的汉字（商标除外）。

3.9 预包装食品包装物或包装容器最大表面面积大于 $35cm^2$ 时（最大表面面积计算方法见附录 A），强制标示内容的文字、符号、数字的高度不得小于 1.8mm。

3.10 一个销售单元的包装中含有不同品种、多个独立包装可单独销售的食品，每件独立包装的食品标识应当分别标注。

3.11 若外包装易于开启识别或透过外包装物能清晰地识别内包装物（容器）上的所有强制标示内容或部分强制标示内容，可不在外包装物上重复标示相应的内容；否则应在外包装物上按要求标示所有强制标示内容。

4 标示内容

4.1 直接向消费者提供的预包装食品标签标示内容

4.1.1 一般要求

直接向消费者提供的预包装食品标签标示应包括食品名称、配料表、净含量和规格、生产者和（或）经销者的名称、地址和联系方式、生产日期和保质期、贮存条件、食品生产许可证编号、产品标准代号及其他需要标示的内容。

4.1.2 食品名称

4.1.2.1 应在食品标签的醒目位置,清晰地标示反映食品真实属性的专用名称。

4.1.2.1.1 当国家标准、行业标准或地方标准中已规定了某食品的一个或几个名称时,应选用其中的一个,或等效的名称。

4.1.2.1.2 无国家标准、行业标准或地方标准规定的名称时,应使用不使消费者误解或混淆的常用名称或通俗名称。

4.1.2.2 标示"新创名称"、"奇特名称"、"音译名称"、"牌号名称"、"地区俚语名称"或"商标名称"时,应在所示名称的同一展示版面标示 4.1.2.1 规定的名称。

4.1.2.2.1 当"新创名称"、"奇特名称"、"音译名称"、"牌号名称"、"地区俚语名称"或"商标名称"含有易使人误解食品属性的文字或术语(词语)时,应在所示名称的同一展示版面邻近部位使用同一字号标示食品真实属性的专用名称。

4.1.2.2.2 当食品真实属性的专用名称因字号或字体颜色不同易使人误解食品属性时,也应使用同一字号及同一字体颜色标示食品真实属性的专用名称。

4.1.2.3 为不使消费者误解或混淆食品的真实属性、物理状态或制作方法,可以在食品名称前或食品名称后附加相应的词或短语。如干燥的、浓缩的、复原的、熏制的、油炸的、粉末的、粒状的等。

4.1.3 配料表

4.1.3.1 预包装食品的标签上应标示配料表,配料表中的各种配料应按 4.1.2 的要求标示具体名称,食品添加剂按照 4.1.3.1.4 的要求标示名称。

4.1.3.1.1 配料表应以"配料"或"配料表"为引导词。当加工过程中所用的原料已改变为其他成分(如酒、酱油、食醋等发酵产品)时,可用"原料"或"原料与辅料"代替"配料"、"配料表",并按本标准相应条款的要求标示各种原料、辅料和食品添加剂。加工助剂不需要标示。

4.1.3.1.2 各种配料应按制造或加工食品时加入量的递减顺序一一排列;加入量不超过 2% 的配料可以不按递减顺序排列。

4.1.3.1.3 如果某种配料是由两种或两种以上的其他配料构成的复合配料(不包括复合食品添加剂),应在配料表中标示复合配料的名称,随后将复合配料的原始配料在括号内按加入量的递减顺序标示。当某种复合配料已有国家标

准、行业标准或地方标准，且其加入量小于食品总量的25%时，不需要标示复合配料的原始配料。

4.1.3.1.4 食品添加剂应当标示其在 GB 2760 中的食品添加剂通用名称。食品添加剂通用名称可以标示为食品添加剂的具体名称，也可标示为食品添加剂的功能类别名称并同时标示食品添加剂的具体名称或国际编码（INS 号）（标示形式见附录 B）。在同一预包装食品的标签上，应选择附录 B 中的一种形式标示食品添加剂。当采用同时标示食品添加剂的功能类别名称和国际编码的形式时，若某种食品添加剂尚不存在相应的国际编码，或因致敏物质标示需要，可以标示其具体名称。食品添加剂的名称不包括其制法。加入量小于食品总量 25% 的复合配料中含有的食品添加剂，若符合 GB 2760 规定的带入原则且在最终产品中不起工艺作用的，不需要标示。

4.1.3.1.5 在食品制造或加工过程中，加入的水应在配料表中标示。在加工过程中已挥发的水或其他挥发性配料不需要标示。

4.1.3.1.6 可食用的包装物也应在配料表中标示原始配料，国家另有法律法规规定的除外。

4.1.3.2 下列食品配料，可以选择按表 1 的方式标示。

表 1　配料标示方式

配料类别	标示方式
各种植物油或精炼植物油，不包括橄榄油	"植物油"或"精炼植物油"；如经过氢化处理，应标示为"氢化"或"部分氢化"
各种淀粉，不包括化学改性淀粉	"淀粉"
加入量不超过 2% 的各种香辛料或香辛料浸出物（单一的或合计的）	"香辛料"、"香辛料类"或"复合香辛料"
胶基糖果的各种胶基物质制剂	"胶姆糖基础剂"、"胶基"
添加量不超过 10% 的各种果脯蜜饯水果	"蜜饯"、"果脯"
食用香精、香料	"食用香精"、"食用香料"、"食用香精香料"

4.1.4 配料的定量标示

4.1.4.1 如果在食品标签或食品说明书上特别强调添加了或含有一种或多种有价

值、有特性的配料或成分，应标示所强调配料或成分的添加量或在成品中的含量。

4.1.4.2 如果在食品的标签上特别强调一种或多种配料或成分的含量较低或无时，应标示所强调配料或成分在成品中的含量。

4.1.4.3 食品名称中提及的某种配料或成分而未在标签上特别强调，不需要标示该种配料或成分的添加量或在成品中的含量。

4.1.5 净含量和规格

4.1.5.1 净含量的标示应由净含量、数字和法定计量单位组成（标示形式参见附录C）。

4.1.5.2 应依据法定计量单位，按以下形式标示包装物（容器）中食品的净含量：

　　a）液态食品，用体积升（L）（l）、毫升（mL）（ml），或用质量克（g）、千克（kg）；

　　b）固态食品，用质量克（g）、千克（kg）；

　　c）半固态或黏性食品，用质量克（g）、千克（kg）或体积升（L）（l）、毫升（mL）（ml）。

4.1.5.3 净含量的计量单位应按表2标示。

表2　净含量计量单位的标示方式

计量方式	净含量（Q）的范围	计量单位
体积	Q ＜ 1000mL Q ≥ 1000mL	毫升（mL）（ml） 升（L）（l）
质量	Q ＜ 1000g Q ≥ 1000g	克（g） 千克（kg）

4.1.5.4 净含量字符的最小高度应符合表3的规定。

表3　净含量字符的最小高度

净含量（Q）的范围	字符的最小高度 mm
Q ≤ 50mL；Q ≤ 50g	2
50mL ＜ Q ≤ 200mL；50g ＜ Q ≤ 200g	3
200mL ＜ Q ≤ 1L；200g ＜ Q ≤ 1kg	4
Q ＞ 1kg；Q ＞ 1L	6

4.1.5.5 净含量应与食品名称在包装物或容器的同一展示版面标示。

4.1.5.6 容器中含有固、液两相物质的食品，且固相物质为主要食品配料时，除标示净含量外，还应以质量或质量分数的形式标示沥干物（固形物）的含量（标示形式参见附录C）。

4.1.5.7 同一预包装内含有多个单件预包装食品时，大包装在标示净含量的同时还应标示规格。

4.1.5.8 规格的标示应由单件预包装食品净含量和件数组成，或只标示件数，可不标示"规格"二字。单件预包装食品的规格即指净含量（标示形式参见附录C）。

4.1.6 生产者、经销者的名称、地址和联系方式

4.1.6.1 应当标注生产者的名称、地址和联系方式。生产者名称和地址应当是依法登记注册、能够承担产品安全质量责任的生产者的名称、地址。有下列情形之一的，应按下列要求予以标示。

4.1.6.1.1 依法独立承担法律责任的集团公司、集团公司的子公司，应标示各自的名称和地址。

4.1.6.1.2 不能依法独立承担法律责任的集团公司的分公司或集团公司的生产基地，应标示集团公司和分公司（生产基地）的名称、地址；或仅标示集团公司的名称、地址及产地，产地应当按照行政区划标注到地市级地域。

4.1.6.1.3 受其他单位委托加工预包装食品的，应标示委托单位和受委托单位的名称和地址；或仅标示委托单位的名称和地址及产地，产地应当按照行政区划标注到地市级地域。

4.1.6.2 依法承担法律责任的生产者或经销者的联系方式应标示以下至少一项内容：电话、传真、网络联系方式等，或与地址一并标示的邮政地址。

4.1.6.3 进口预包装食品应标示原产国国名或地区区名（如香港、澳门、台湾），以及在中国依法登记注册的代理商、进口商或经销者的名称、地址和联系方式，可不标示生产者的名称、地址和联系方式。

4.1.7 日期标示

4.1.7.1 应清晰标示预包装食品的生产日期和保质期。如日期标示采用"见包装物某部位"的形式，应标示所在包装物的具体部位。日期标示不得另外加贴、

补印或篡改（标示形式参见附录 C）。

4.1.7.2 当同一预包装内含有多个标示了生产日期及保质期的单件预包装食品时，外包装上标示的保质期应按最早到期的单件食品的保质期计算。外包装上标示的生产日期应为最早生产的单件食品的生产日期，或外包装形成销售单元的日期；也可在外包装上分别标示各单件装食品的生产日期和保质期。

4.1.7.3 应按年、月、日的顺序标示日期，如果不按此顺序标示，应注明日期标示顺序（标示形式参见附录 C）。

4.1.8 贮存条件

预包装食品标签应标示贮存条件（标示形式参见附录 C）。

4.1.9 食品生产许可证编号

预包装食品标签应标示食品生产许可证编号的，标示形式按照相关规定执行。

4.1.10 产品标准代号

在国内生产并在国内销售的预包装食品（不包括进口预包装食品）应标示产品所执行的标准代号和顺序号。

4.1.11 其他标示内容

4.1.11.1 辐照食品

4.1.11.1.1 经电离辐射线或电离能量处理过的食品，应在食品名称附近标示"辐照食品"。

4.1.11.1.2 经电离辐射线或电离能量处理过的任何配料，应在配料表中标明。

4.1.11.2 转基因食品

转基因食品的标示应符合相关法律、法规的规定。

4.1.11.3 营养标签

4.1.11.3.1 特殊膳食类食品和专供婴幼儿的主辅类食品，应当标示主要营养成分及其含量，标示方式按照 GB 13432 执行。

4.1.11.3.2 其他预包装食品如需标示营养标签，标示方式参照相关法规标准执行。

4.1.11.4 质量（品质）等级

食品所执行的相应产品标准已明确规定质量（品质）等级的，应标示质量（品质）等级。

4.2 非直接提供给消费者的预包装食品标签标示内容

非直接提供给消费者的预包装食品标签应按照4.1项下的相应要求标示食品名称、规格、净含量、生产日期、保质期和贮存条件，其他内容如未在标签上标注，则应在说明书或合同中注明。

4.3 标示内容的豁免

4.3.1 下列预包装食品可以免除标示保质期：酒精度大于等于10%的饮料酒；食醋；食用盐；固态食糖类；味精。

4.3.2 当预包装食品包装物或包装容器的最大表面面积小于 $10cm^2$ 时（最大表面面积计算方法见附录A），可以只标示产品名称、净含量、生产者（或经销商）的名称和地址。

4.4 推荐标示内容

4.4.1 批号

根据产品需要，可以标示产品的批号。

4.4.2 食用方法

根据产品需要，可以标示容器的开启方法、食用方法、烹调方法、复水再制方法等对消费者有帮助的说明。

4.4.3 致敏物质

4.4.3.1 以下食品及其制品可能导致过敏反应，如果用作配料，宜在配料表中使用易辨识的名称，或在配料表邻近位置加以提示：

a）含有麸质的谷物及其制品（如小麦、黑麦、大麦、燕麦、斯佩耳特小麦或它们的杂交品系）；

b）甲壳纲类动物及其制品（如虾、龙虾、蟹等）；

c）鱼类及其制品；

d）蛋类及其制品；

e）花生及其制品；

f）大豆及其制品；

g）乳及乳制品（包括乳糖）；

h）坚果及其果仁类制品。

4.4.3.2 如加工过程中可能带入上述食品或其制品，宜在配料表临近位置加以提示。

5 其他

按国家相关规定需要特殊审批的食品，其标签标识按照相关规定执行。

附录A 包装物或包装容器最大表面面积计算方法

A.1 长方体形包装物或长方体形包装容器计算方法

长方体形包装物或长方体形包装容器的最大一个侧面的高度（cm）乘以宽度（cm）。

A.2 圆柱形包装物、圆柱形包装容器或近似圆柱形包装物、近似圆柱形包装容器计算方法

包装物或包装容器的高度（cm）乘以圆周长（cm）的40%。

A.3 其他形状的包装物或包装容器计算方法

包装物或包装容器的总表面积的40%。

如果包装物或包装容器有明显的主要展示版面，应以主要展示版面的面积为最大表面面积。

包装袋等计算表面面积时应除去封边所占尺寸。瓶形或罐形包装计算表面面积时不包括肩部、颈部、顶部和底部的凸缘。

附录B 食品添加剂在配料表中的标示形式

B.1 按照加入量的递减顺序全部标示食品添加剂的具体名称

配料：水，全脂奶粉，稀奶油，植物油，巧克力（可可液块，白砂糖，可可脂，磷脂，聚甘油蓖麻醇酯，食用香精，柠檬黄），葡萄糖浆，丙二醇脂肪酸酯，卡拉胶，瓜尔胶，胭脂树橙，麦芽糊精，食用香料。

B.2 按照加入量的递减顺序全部标示食品添加剂的功能类别名称及国际编码

配料：水，全脂奶粉，稀奶油，植物油，巧克力〔可可液块，白砂糖，可可脂，乳化剂（322，476），食用香精，着色剂（102）〕，葡萄糖浆，乳化剂（477），增稠剂（407，412），着色剂（160b），麦芽糊精，食用香料。

B.3 按照加入量的递减顺序全部标示食品添加剂的功能类别名称及具体名称

配料：水，全脂奶粉，稀奶油，植物油，巧克力〔可可液块，白砂糖，可可脂，乳化剂（磷脂，聚甘油蓖麻醇酯），食用香精，着色剂（柠檬黄）〕，葡萄糖浆，乳化剂（丙二醇脂肪酸酯），增稠剂（卡拉胶，瓜尔胶），着色剂

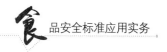
（胭脂树橙），麦芽糊精，食用香料。

B.4 建立食品添加剂项一并标示的形式

B.4.1 一般原则

　　直接使用的食品添加剂应在食品添加剂项中标注。营养强化剂、食用香精香料、胶基糖果中基础剂物质可在配料表的食品添加剂项外标注。非直接使用的食品添加剂不在食品添加剂项中标注。食品添加剂项在配料表中的标注顺序由需纳入该项的各种食品添加剂的总重量决定。

B.4.2 全部标示食品添加剂的具体名称

　　配料：水，全脂奶粉，稀奶油，植物油，巧克力（可可液块，白砂糖，可可脂，磷脂，聚甘油蓖麻醇酯，食用香精，柠檬黄），葡萄糖浆，食品添加剂（丙二醇脂肪酸酯，卡拉胶，瓜尔胶，胭脂树橙），麦芽糊精，食用香料。

B.4.3 全部标示食品添加剂的功能类别名称及国际编码

　　配料：水，全脂奶粉，稀奶油，植物油，巧克力（（可可液块，白砂糖，可可脂，乳化剂（322，476），食用香精，着色剂（102）），葡萄糖浆，食品添加剂（乳化剂（477），增稠剂（407，412），着色剂（160b）），麦芽糊精，食用香料。

B.4.4 全部标示食品添加剂的功能类别名称及具体名称

　　配料：水，全脂奶粉，稀奶油，植物油，巧克力（可可液块，白砂糖，可可脂，乳化剂（磷脂，聚甘油蓖麻醇酯），食用香精，着色剂（柠檬黄）），葡萄糖浆，食品添加剂（乳化剂（丙二醇脂肪酸酯），增稠剂（卡拉胶，瓜尔胶），着色剂（胭脂树橙）），麦芽糊精，食用香料。

附录C　部分标签项目的推荐标示形式

C.1 概述

　　本附录以示例形式提供了预包装食品部分标签项目的推荐标示形式，标示相应项目时可选用但不限于这些形式。如需要根据食品特性或包装特点等对推荐形式调整使用的，应与推荐形式基本涵义保持一致。

C.2 净含量和规格的标示

为方便表述，净含量的示例统一使用质量为计量方式，使用冒号为分隔符。标签上应使用实际产品适用的计量单位，并可根据实际情况选择空格或其他符号作为分隔符，便于识读。

C.2.1 单件预包装食品的净含量（规格）可以有如下标示形式：

净含量（或净含量/规格）：450g；

净含量（或净含量/规格）：225克（200克+送25克）；

净含量（或净含量/规格）：200克+赠25克；

净含量（或净含量/规格）：（200+25）克。

C.2.2 净含量和沥干物(固形物)可以有如下标示形式（以"糖水梨罐头"为例）：

净含量（或净含量/规格）：425克沥干物（或固形物或梨块）：不低于255克（或不低于60%）。

C.2.3 同一预包装内含有多件同种类的预包装食品时，净含量和规格均可以有如下标示形式：

净含量（或净含量/规格）：40克×5；

净含量（或净含量/规格）：5×40克；

净含量（或净含量/规格）：200克（5×40克）；

净含量（或净含量/规格）：200克（40克×5）；

净含量（或净含量/规格）：200克（5件）；

净含量：200克　规格：5×40克；

净含量：200克　规格：40克×5；

净含量：200克　规格：5件；

净含量（或净含量/规格）：200克（100克+50克×2）；

净含量（或净含量/规格）：200克（80克×2+40克）；

净含量：200克　规格：100克+50克×2；

净含量：200克　规格：80克×2+40克。

C.2.4 同一预包装内含有多件不同种类的预包装食品时，净含量和规格可以有如下标示形式：

净含量（或净含量/规格）：200克（A产品40克×3，B产品40克×2）；

净含量（或净含量/规格）：200克（40克×3，40克×2）；

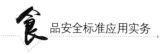

净含量（或净含量/规格）：100克A产品，50克×2　B产品，50克C产品；

净含量（或净含量/规格）：A产品：100克，B产品：50克×2，C产品：50克；

净含量/规格：100克（A产品），50克×2（B产品），50克（C产品）；

净含量/规格：A产品100克，B产品50克×2，C产品50克。

C.3 日期的标示

日期中年、月、日可用空格、斜线、连字符、句点等符号分隔，或不用分隔符。年代号一般应标示4位数字，小包装食品也可以标示2位数字。月、日应标示2位数字。

日期的标示可以有如下形式：

2010年3月20日；

2010 03 20；　2010/03/20；　20100320；

20日3月2010年；　3月20日2010年；

（月/日/年）：03 20 2010；　03/20/2010；　03202010。

C.4 保质期的标示

保质期可以有如下标示形式：

最好在……之前食（饮）用；……之前食（饮）用最佳；……之前最佳；

此日期前最佳……；此日期前食（饮）用最佳……；

保质期（至）……；保质期××个月（或××日，或××天，或××周，或×年）。

C.5 贮存条件的标示

贮存条件可以标示"贮存条件"、"贮藏条件"、"贮藏方法"等标题，或不标示标题。

贮存条件可以有如下标示形式：

常温（或冷冻，或冷藏，或避光，或阴凉干燥处）保存；

××–××℃保存；

请置于阴凉干燥处；

常温保存，开封后需冷藏；

温度：≤××℃，湿度：≤××%。

预包装食品营养标签通则

（GB 28050—2011）

1 范围

本标准适用于预包装食品营养标签上营养信息的描述和说明。

本标准不适用于保健食品及预包装特殊膳食用食品的营养标签标示。

2 术语和定义

2.1 营养标签

预包装食品标签上向消费者提供食品营养信息和特性的说明，包括营养成分表、营养声称和营养成分功能声称。营养标签是预包装食品标签的一部分。

2.2 营养素

食物中具有特定生理作用，能维持机体生长、发育、活动、繁殖以及正常代谢所需的物质，包括蛋白质、脂肪、碳水化合物、矿物质及维生素等。

2.3 营养成分

食品中的营养素和除营养素以外的具有营养和（或）生理功能的其他食物成分。各营养成分的定义可参照GB/Z21922《食品营养成分基本术语》。

2.4 核心营养素

营养标签中的核心营养素包括蛋白质、脂肪、碳水化合物和钠。

2.5 营养成分表

标有食品营养成分名称、含量和占营养素参考值（NRV）百分比的规范性表格。

2.6 营养素参考值（NRV）

专用于食品营养标签，用于比较食品营养成分含量的参考值。

2.7 营养声称

对食品营养特性的描述和声明，如能量水平、蛋白质含量水平。营养声称包括含量声称和比较声称。

2.7.1 含量声称

描述食品中能量或营养成分含量水平的声称。声称用语包括"含有"、"高"、"低"或"无"等。

2.7.2 比较声称

与消费者熟知的同类食品的营养成分含量或能量值进行比较以后的声称。声称用语包括"增加"或"减少"等。

2.8 营养成分功能声称

某营养成分可以维持人体正常生长、发育和正常生理功能等作用的声称。

2.9 修约间隔

修约值的最小数值单位。

2.10 食部

预包装食品净含量去除其中不可食用的部分后的剩余部分。

3 基本要求

3.1 预包装食品营养标签标示的任何营养信息，应真实、客观，不得标示虚假信息，不得夸大产品的营养作用或其他作用。

3.2 预包装食品营养标签应使用中文。如同时使用外文标示的，其内容应当与中文相对应，外文字号不得大于中文字号。

3.3 营养成分表应以一个"方框表"的形式表示（特殊情况除外），方框可为任意尺寸，并与包装的基线垂直，表题为"营养成分表"。

3.4 食品营养成分含量应以具体数值标示，数值可通过原料计算或产品检测获得。各营养成分的营养素参考值（NRV）见附录 A。

3.5 营养标签的格式见附录 B，食品企业可根据食品的营养特性、包装面积的大小和形状等因素选择使用其中的一种格式。

3.6 营养标签应标在向消费者提供的最小销售单元的包装上。

4 强制标示内容

4.1 所有预包装食品营养标签强制标示的内容包括能量、核心营养素的含量值及其占营养素参考值（NRV）的百分比。当标示其他成分时，应采取适当形式使能量和核心营养素的标示更加醒目。

4.2 对除能量和核心营养素外的其他营养成分进行营养声称或营养成分功能声称时，在营养成分表中还应标示出该营养成分的含量及其占营养素参考值（NRV）的百分比。

4.3 使用了营养强化剂的预包装食品，除4.1的要求外，在营养成分表中还应标示强化后食品中该营养成分的含量值及其占营养素参考值（NRV）的百分比。

4.4 食品配料含有或生产过程中使用了氢化和（或）部分氢化油脂时，在营养成分表中还应标示出反式脂肪（酸）的含量。

4.5 上述未规定营养素参考值（NRV）的营养成分仅需标示含量。

5 可选择标示内容

5.1 除上述强制标示内容外，营养成分表中还可选择标示表1中的其他成分。

5.2 当某营养成分含量标示值符合表C.1的含量要求和限制性条件时，可对该成分进行含量声称，声称方式见表C.1。当某营养成分含量满足表C.3的要求和条件时，可对该成分进行比较声称，声称方式见表C.3。当某营养成分同时符合含量声称和比较声称的要求时，可以同时使用两种声称方式，或仅使用含量声称。含量声称和比较声称的同义语见表C.2和表C.4。

5.3 当某营养成分的含量标示值符合含量声称或比较声称的要求和条件时，可使用附录D中相应的一条或多条营养成分功能声称标准用语。不应对功能声称用语进行任何形式的删改、添加和合并。

6 营养成分的表达方式

6.1 预包装食品中能量和营养成分的含量应以每100克（g）和（或）每100毫升（mL）和（或）每份食品可食部中的具体数值来标示。当用份标示时，应标明每份食品的量。份的大小可根据食品的特点或推荐量规定。

6.2 营养成分表中强制标示和可选择性标示的营养成分的名称和顺序、标示单位、修约间隔、"0"界限值应符合表1的规定。当不标示某一营养成分时，依序上移。

6.3 当标示GB14880和卫生部公告中允许强化的除表1外的其他营养成分时，其排列顺序应位于表1所列营养素之后。

表1　能量和营养成分名称、顺序、表达单位、修约间隔和"0"界限值

能量和营养成分的名称和顺序	表达单位 [a]	修约间隔	"0"界限值（每100g或100mL）[b]
能量	千焦（kJ）	1	≤17kJ
蛋白质	克（g）	0.1	≤0.5g
脂肪	克（g）	0.1	≤0.5g
饱和脂肪（酸）	克（g）	0.1	≤0.1g
反式脂肪（酸）	克（g）	0.1	≤0.3g
单不饱和脂肪（酸）	克（g）	0.1	≤0.1g
多不饱和脂肪（酸）	克（g）	0.1	≤0.1g
胆固醇	毫克（mg）	1	≤5mg
碳水化合物	克（g）	0.1	≤0.5g
糖（乳糖 [c]）	克（g）	0.1	≤0.5g
膳食纤维（或单体成分，或可溶性、不可溶性膳食纤维）	克（g）	0.1	≤0.5g
钠	毫克（mg）	1	≤5mg
维生素A	微克视黄醇当量（µg RE）	1	≤8µg RE
维生素D	微克（µg）	0.1	≤0.1µg
维生素E	毫克 α-生育酚当量（mg α-TE）	0.01	≤0.28mg α-TE
维生素K	微克（µg）	0.1	≤1.6µg
维生素B_1（硫胺素）	毫克（mg）	0.01	≤0.03mg
维生素B_2（核黄素）	毫克（mg）	0.01	≤0.03mg
维生素B_6	毫克（mg）	0.01	≤0.03mg
维生素B_{12}	微克（µg）	0.01	≤0.05µg
维生素C（抗坏血酸）	毫克（mg）	0.1	≤2.0mg
烟酸（烟酰胺）	毫克（mg）	0.01	≤0.28mg
叶酸	微克（µg）或微克叶酸当量（µg DFE）	1	≤8µg
泛酸	毫克（mg）	0.01	≤0.10mg
生物素	微克（µg）	0.1	≤0.6µg
胆碱	毫克（mg）	0.1	≤9.0mg
磷	毫克（mg）	1	≤14mg
钾	毫克（mg）	1	≤20mg
镁	毫克（mg）	1	≤6mg

续表

能量和营养成分的 名称和顺序	表达单位 [a]	修约间隔	"0"界限值（每 100g或100mL）[b]
钙	毫克（mg）	1	≤ 8mg
铁	毫克（mg）	0.1	≤ 0.3mg
锌	毫克（mg）	0.01	≤ 0.30mg
碘	微克（μg）	0.1	≤ 3.0μg
硒	微克（μg）	0.1	≤ 1.0μg
铜	毫克（mg）	0.01	≤ 0.03mg
氟	毫克（mg）	0.01	≤ 0.02mg
锰	毫克（mg）	0.01	≤ 0.06mg

[a] 营养成分的表达单位可选择表格中的中文或英文，也可以两者都使用。

[b] 当某营养成分含量数值≤"0"界限值时，其含量应标示为"0"；使用"份"的计量单位时，也要同时符合每100g或100mL的"0"界限值的规定。

[c] 在乳及乳制品的营养标签中可直接标示乳糖。

6.4 在产品保质期内，能量和营养成分含量的允许误差范围应符合表2的规定。

表2 能量和营养成分含量的允许误差范围

能量和营养成分	允许误差范围
食品的蛋白质，多不饱和及单不饱和脂肪（酸），碳水化合物、糖（仅限乳糖）、总的、可溶性或不溶性膳食纤维及其单体，维生素（不包括维生素D、维生素A），矿物质（不包括钠），强化的其他营养成分	≥80%标示值
食品中的能量以及脂肪、饱和脂肪（酸）、反式脂肪（酸），胆固醇，钠，糖（除外乳糖）	≤120%标示值
食品中的维生素A和维生素D	80%~180%标示值

7 豁免强制标示营养标签的预包装食品

下列预包装食品豁免强制标示营养标签：

——生鲜食品，如包装的生肉、生鱼、生蔬菜和水果、禽蛋等；

——乙醇含量≥0.5%的饮料酒类；

——包装总表面积≤100cm² 或最大表面面积≤20cm² 的食品；

——现制现售的食品；

——包装的饮用水；

——每日食用量≤10g或10mL的预包装食品；

——其他法律法规标准规定可以不标示营养标签的预包装食品。

豁免强制标示营养标签的预包装食品，如果在其包装上出现任何营养信息时，应按照本标准执行。

附录A 食品标签营养素参考值（NRV）及其使用方法

A.1 食品标签营养素参考值（NRV）

规定的能量和32种营养成分参考数值如表A.1所示。

表A.1 营养素参考值（NRV）

营养成分	NRV	营养成分	NRV
能量 [a]	8400kJ	叶酸	400μg DFE
蛋白质	60g	泛酸	5mg
脂肪	≤ 60g	生物素	30μg
饱和脂肪酸	≤ 20g	胆碱	450mg
胆固醇	≤ 300mg	钙	800mg
碳水化合物	300g	磷	700mg
膳食纤维	25g	钾	2000mg
维生素 A	800μg RE	钠	2000mg
维生素 D	5μg	镁	300mg
维生素 E	14mg α –TE	铁	15mg
维生素 K	80μg	锌	15mg
维生素 B_1	1.4mg	碘	150μg
维生素 B_2	1.4mg	硒	50μg
维生素 B_6	1.4mg	铜	1.5mg
维生素 B_{12}	2.4μg	氟	1mg
维生素 C	100mg	锰	3mg
烟酸	14mg		

[a]能量相当于2000kcal;蛋白质、脂肪、碳水化合物供能分别占总能量的13%、27%与60%。

A.2 使用目的和方式

用于比较和描述能量或营养成分含量的多少，使用营养声称和零数值的标示时，用作标准参考值。

使用方式为营养成分含量占营养素参考值（NRV）的百分数；指定NRV%的修约间隔为1，如1%、5%、16%等。

A.3 计算

营养成分含量占营养素参考值（NRV）的百分数计算公式见式（A.1）：

$$NRV\%=\frac{X}{NRV}\times100\%\cdots\cdots\cdots\cdots\cdots\cdots\cdots（A.1）$$

式中：

X——食品中某营养素的含量；

NRV——该营养素的营养素参考值。

附录B　营养标签格式

B.1 本附录规定了预包装食品营养标签的格式。

B.2 应选择以下6种格式中的一种进行营养标签的标示。

B.2.1 仅标示能量和核心营养素的格式

仅标示能量和核心营养素的营养标签见示例1。

示例1：

营养成分表

项目	每100克（g）或100毫升（mL）或每份	营养素参考值%或NRV%
能量	千焦（kJ）	％
蛋白质	克（g）	％
脂肪	克（g）	％
碳水化合物	克（g）	％
钠	毫克（mg）	％

B.2.2 标注更多营养成分

标注更多营养成分的营养标签见示例2。

示例2：

营养成分表

项目	每100克（g）或100毫升（mL）或每份	营养素参考值％或NRV%
能量	千焦（kJ）	％
蛋白质	克（g）	％
脂肪	克（g）	％
——饱和脂肪	克（g）	
胆固醇	毫克（mg）	％
碳水化合物	克（g）	％
——糖	克（g）	
膳食纤维	克（g）	％
钠	毫克（mg）	％
维生素A	微克视黄醇当量（μg RE）	％
钙	毫克（mg）	％

注：核心营养素应采取适当形式使其醒目。

B.2.3 附有外文的格式

附有外文的营养标签见示例3。

示例3：

营养成分表nutrition information

项目／Items	每100克（g）或100毫升（mL）或每份 per 100g/100mL or per serving	营养素参考值%/NRV%
能量/energy	千焦（kJ）	％
蛋白质/protein	克（g）	％
脂肪/fat	克（g）	％
碳水化合物/carbohydrate	克（g）	％
钠/sodium	毫克（mg）	％

B.2.4 横排格式

横排格式的营养标签见示例4。

示例4：

营养成分表

项目	每100克（g）/毫升（mL）或每份	营养素参考值% 或 NRV%	项目	每10克（g）/毫升（mL）或每份	营养素参考值% 或 NRV%
能量	千焦（kJ）	%	蛋白质	克（g）	%
碳水化合物	克（g）	%	脂肪	克（g）	%
钠	毫克（g）	%	—	—	%

注：根据包装特点，可将营养成分从左到右横向排开，分为两列或两列以上进行标示。

B.2.5 文字格式

包装的总面积小于$100cm^2$的食品，如进行营养成分标示，允许用非表格的形式，并可省略营养素参考值（NRV）的标示。根据包装特点，营养成分从左到右横向排开，或者自上而下排开，如示例5。

示例5：

营养成分/100g：能量××kJ，蛋白质××g，脂肪××g，碳水化合物××g，钠××mg。

B.2.6 附有营养声称和（或）营养成分功能声称的格式

附有营养声称和（或）营养成分功能声称的营养标签见示例6。

示例6：

营养成分表

项目	每100克（g）或100毫升（mL）或每份	营养素参考值% 或 NRV%
能量	千焦（kJ）	%
蛋白质	克（g）	%
脂肪	克（g）	%
碳水化合物	克（g）	%
钠	毫克（mg）	%

营养声称如：低脂肪××。

营养成分功能声称如：每日膳食中脂肪提供的能量比例不宜超过总能量

的30%。

营养声称、营养成分功能声称可以在标签的任意位置。但其字号不得大于食品名称和商标。

附录C 能量和营养成分含量声称和比较声称的要求、条件和同义语

C.1 表C.1规定了预包装食品能量和营养成分含量声称的要求和条件。

C.2 表C.2规定了预包装食品能量和营养成分含量声称的同义语。

C.3 表C.3规定了预包装食品能量和营养成分比较声称的要求和条件。

C.4 表C.4规定了预包装食品能量和营养成分比较声称的同义语。

表C.1 能量和营养成分含量声称的要求和条件

项目	含量声称方式	含量要求 a	限制性条件
能量	无能量	≤ 17kJ/100g（固体）或 100mL（液体）	其中脂肪提供的能量≤总能量的50%
	低能量	≤ 170kJ/100g 固体 ≤ 80kJ/100mL 液体	
蛋白质	低蛋白质	来自蛋白质的能量≤总能量的 5%	总能量指每 100g/mL 或每份
	蛋白质来源，或含有蛋白质	每 100g 的含量≥ 10%NRV 每 100mL 的含量≥ 5%NRV 或者每 420kJ 的含量≥ 5%NRV	
	高，或富含蛋白质	每 100g 的含量≥ 20%NRV 每 100mL 的含量≥ 10%NRV 或者每 420kJ 的含量≥ 10%NRV	
脂肪	无或不含脂肪	≤ 0.5g/100g（固体）或 100mL（液体）	
	低脂肪	≤ 3g/100g 固体 ≤ 1.5g/100mL 液体	
	瘦	脂肪含量≤ 10%	仅指畜肉类和禽肉类

续表

项目	含量声称方式	含量要求 [a]	限制性条件
脂肪	脱脂	液态奶和酸奶：脂肪含量 ≤ 0.5% 乳粉：脂肪含量 ≤ 1.5%	仅指乳品类
	无或不含饱和脂肪	≤ 0.1g/100g（固体）或 100mL（液体）	指饱和脂肪及反式脂肪的总和
	低饱和脂肪	≤ 1.5g/100g 固体 ≤ 0.75g/100mL 液体	1. 指饱和脂肪及反式脂肪的总和 2. 其提供的能量占食品总能量的 10% 以下
	无或不含反式脂肪酸	≤ 0.3g/100g（固体）或 100mL（液体）	
胆固醇	无或不含胆固醇	≤ 5mg/100g（固体）或 100mL（液体）	应同时符合低饱和脂肪的声称含量要求和限制性条件
	低胆固醇	≤ 20mg/100g 固体 ≤ 10mg/100mL 液体	
碳水化合物（糖）	无或不含糖	≤ 0.5g/100g（固体）或 100mL（液体）	
	低糖	≤ 5g/100g（固体）或 100mL（液体）	
	低乳糖	乳糖含量 ≤ 2g/100g(mL)	仅指乳品类
	无乳糖	乳糖含量 ≤ 0.5g/100g(mL)	
膳食纤维	膳食纤维来源或含有膳食纤维	≥ 3g/100g（固体）≥ 1.5g/100mL（液体）或 ≥ 1.5g/420kJ	膳食纤维总量符合其含量要求；或者可溶性膳食纤维、不溶性膳食纤维或单体成分任一项符合含量要求
	高或富含膳食纤维良好来源	≥ 6g/100g（固体）≥ 3g/100mL（液体）或 ≥ 3g/420kJ	
钠	无或不含钠	≤ 5mg/100g 或 100mL	符合"钠"声称的声称时，也可用"盐"字代替"钠"字，如"低盐"、"减少盐"等
	极低钠	≤ 40mg/100g 或 100mL	
	低钠	≤ 120mg/100g 或 100mL	

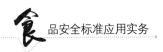

续表

项目	含量声称方式	含量要求ᵃ	限制性条件
维生素	维生素 × 来源或含有维生素 ×	每100g中≥15%NRV 每100mL中≥7.5%NRV或每420kJ中≥5%NRV	含有"多种维生素"指3种和（或）3种以上维生素含量符合"含有"的声称要求
	高或富含维生素 ×	每100g中≥30%NRV 每100mL中≥15%NRV或每420kJ中≥10%NRV	富含"多种维生素"指3种和（或）3种以上维生素含量符合"富含"的声称要求
矿物质（不包括钠）	× 来源，或含有 ×	每100g中≥15%NRV 每100mL中≥7.5%NRV或每420kJ中≥5%NRV	含有"多种矿物质"指3种和（或）3种以上矿物质含量符合"含有"的声称要求
	高，或富含 ×	每100g中≥30%NRV 每100mL中≥15%NRV或每420kJ中≥10%NRV	富含"多种矿物质"指3种和（或）3种以上矿物质含量符合"富含"的声称要求

ᵃ用"份"作为食品计量单位时，也应符合100g（mL）的含量要求才可以进行声称。

表C.2　含量声称的同义语

标准语	同义语	标准语	同义语
不含，无	零（0），没有，100%不含，无，0%	含有，来源	提供，含，有
极低	极少	富含，高	良好来源，含丰富××、丰富（的）××，提供高（含量）××
低	少、少油ᵃ		

ᵃ"少油"仅用于低脂肪的声称。

表C.3　能量和营养成分比较声称的要求和条件

比较声称方式	要求	条件
减少能量	与参考食品比较，能量值减少25%以上	参考食品（基准食品）应为消费者熟知、容易理解的同类或同一属类食品

续表

比较声称方式	要求	条件
增加或减少蛋白质	与参考食品比较，蛋白质含量增加或减少25%以上	
减少脂肪	与参考食品比较，脂肪含量减少25%以上	
减少胆固醇	与参考食品比较，胆固醇含量减少25%以上	
增加或减少碳水化合物	与参考食品比较，碳水化合物含量增加或减少25%以上	
减少糖	与参考食品比较，糖含量减少25%以上	参考食品（基准食品）应为消费者熟知、容易理解的同类或同一属类食品
增加或减少膳食纤维	与参考食品比较，膳食纤维含量增加或减少25%以上	
减少钠	与参考食品比较，钠含量减少25%以上	
增加或减少矿物质（不包括钠）	与参考食品比较，矿物质含量增加或减少25%以上	
增加或减少维生素	与参考食品比较，维生素含量增加或减少25%以上	

表C.4　比较声称的同义语

标准语	同义语	标准语	同义语
增加	增加 ×％（×倍）	减少	减少 ×％（×倍）
	增、增 ×％（×倍）		减、减 ×％（×倍）
	加、加 ×％（×倍）		少、少 ×％（×倍）
	增高、增高（了）×％（×倍）		减低、减低 ×％（×倍）
	添加（了）×％（×倍）		降 ×％（×倍）
	多 ×％，提高 ×倍等		降低 ×％（×倍）等

附录D 能量和营养成分功能声称标准用语

D.1 本附录规定了能量和营养成分功能声称标准用语。

D.2 能量

人体需要能量来维持生命活动。

机体的生长发育和一切活动都需要能量。

适当的能量可以保持良好的健康状况。

能量摄入过高、缺少运动与超重和肥胖有关。

D.3 蛋白质

蛋白质是人体的主要构成物质并提供多种氨基酸。

蛋白质是人体生命活动中必需的重要物质,有助于组织的形成和生长。

蛋白质有助于构成或修复人体组织。

蛋白质有助于组织的形成和生长。

蛋白质是组织形成和生长的主要营养素。

D.4 脂肪

脂肪提供高能量。

每日膳食中脂肪提供的能量比例不宜超过总能量的30%。

脂肪是人体的重要组成成分。

脂肪可辅助脂溶性维生素的吸收。

脂肪提供人体必需脂肪酸。

D.4.1 饱和脂肪

饱和脂肪可促进食品中胆固醇的吸收。

饱和脂肪摄入过多有害健康。

过多摄入饱和脂肪可使胆固醇增高,摄入量应少于每日总能量的10%。

D.4.2 反式脂肪酸

每天摄入反式脂肪酸不应超过2.2g,过多摄入有害健康。

反式脂肪酸摄入量应少于每日总能量的1%,过多摄入有害健康。

过多摄入反式脂肪酸可使血液胆固醇增高,从而增加心血管疾病发生的风险。

D.5 胆固醇

成人一日膳食中胆固醇摄入总量不宜超过300mg。

D.6 碳水化合物

碳水化合物是人类生存的基本物质和能量主要来源。

碳水化合物是人类能量的主要来源。

碳水化合物是血糖生成的主要来源。

膳食中碳水化合物应占能量的60%左右。

D.7 膳食纤维

膳食纤维有助于维持正常的肠道功能。

膳食纤维是低能量物质。

D.8 钠

钠能调节机体水分，维持酸碱平衡。

成人每日食盐的摄入量不超过6g。

钠摄入过高有害健康。

D.9 维生素A

维生素A有助于维持暗视力。

维生素A有助于维持皮肤和黏膜健康。

D.10 维生素D

维生素D可促进钙的吸收。

维生素D有助于骨骼和牙齿的健康。

维生素D有助于骨骼形成。

D.11 维生素E

维生素E有抗氧化作用。

D.12 维生素B_1

维生素B_1是能量代谢中不可缺少的成分。

维生素B_1有助于维持神经系统的正常生理功能。

D.13 维生素B_2

维生素B_2有助于维持皮肤和黏膜健康。

维生素B_2是能量代谢中不可缺少的成分。

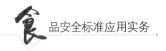

D.14 维生素B₆

维生素B_6有助于蛋白质的代谢和利用。

D.15 维生素B₁₂

维生素B_{12}有助于红细胞形成。

D.16 维生素C

维生素C有助于维持皮肤和黏膜健康。

维生素C有助于维持骨骼、牙龈的健康。

维生素C可以促进铁的吸收。

维生素C有抗氧化作用。

D.17 烟酸

烟酸有助于维持皮肤和黏膜健康。

烟酸是能量代谢中不可缺少的成分。

烟酸有助于维持神经系统的健康。

D.18 叶酸

叶酸有助于胎儿大脑和神经系统的正常发育。

叶酸有助于红细胞形成。

叶酸有助于胎儿正常发育。

D.19 泛酸

泛酸是能量代谢和组织形成的重要成分。

D.20 钙

钙是人体骨骼和牙齿的主要组成成分，许多生理功能也需要钙的参与。

钙是骨骼和牙齿的主要成分，并维持骨密度。

钙有助于骨骼和牙齿的发育。

钙有助于骨骼和牙齿更坚固。

D.21 镁

镁是能量代谢、组织形成和骨骼发育的重要成分。

D.22 铁

铁是血红细胞形成的重要成分。

铁是血红细胞形成的必需元素。

铁对血红蛋白的产生是必需的。

D.23 锌

锌是儿童生长发育的必需元素。

锌有助于改善食欲。

锌有助于皮肤健康。

D.24 碘

碘是甲状腺发挥正常功能的元素。

预包装特殊膳食用食品标签

（GB 13432—2013）

前　言

本标准代替GB 13432-2004《预包装特殊膳食用食品标签通则》。

本标准与GB 13432-2004相比，主要变化如下：

——修改了标准名称；

——修改了特殊膳食用食品的定义，明确了其包含的食品类别（范围）；

——修改了基本要求；

——修改了强制标示内容的部分要求；

——合并了允许标示内容和推荐标示内容，修改为可选择标示内容；

——修改了能量和营养成分的含量声称要求；

——删除了能量和营养成分的比较声称；

——修改了能量和营养成分的功能声称用语；

——删除了原标准附录A；

——增加了附录A特殊膳食用食品的类别。

1 范围

本标准适用于预包装特殊膳食用食品的标签（含营养标签）。

2 术语和定义

GB 7718中规定的以及下列术语和定义适用于本标准。

2.1 特殊膳食用食品

为满足特殊的身体或生理状况和（或）满足疾病、紊乱等状态下的特殊膳食需求，专门加工或配方的食品。这类食品的营养素和（或）其他营养成分的含量与可类比的普通食品有显著不同。

特殊膳食用食品所包含的食品类别见附录A。

2.2 营养素

食物中具有特定生理作用，能维持机体生长、发育、活动、繁殖以及正常代谢所需的物质，包括蛋白质、脂肪、碳水化合物、矿物质及维生素等。

2.3 营养成分

食物中的营养素和除营养素以外的具有营养和（或）生理功能的其他食物成分。

2.4 推荐摄入量

可以满足某一特定性别、年龄及生理状况群体中绝大多数个体需要的营养素摄入水平。

2.5 适宜摄入量

营养素的一个安全摄入水平。是通过观察或实验获得的健康人群某种营养素的摄入量。

3 基本要求

预包装特殊膳食用食品的标签应符合GB 7718规定的基本要求的内容，还应符合以下要求：

——不应涉及疾病预防、治疗功能；

——应符合预包装特殊膳食用食品相应产品标准中标签、说明书的有关规定；

——不应对0~6月龄婴儿配方食品中的必需成分进行含量声称和功能声称。

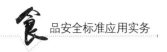

4 强制标示内容

4.1 一般要求

预包装特殊膳食用食品标签的标示内容应符合GB 7718中相应条款的要求。

4.2 食品名称

只有符合2.1定义的食品才可以在名称中使用"特殊膳食用食品"或相应的描述产品特殊性的名称。

4.3 能量和营养成分的标示

4.3.1 应以"方框表"的形式标示能量、蛋白质、脂肪、碳水化合物和钠，以及相应产品标准中要求的其他营养成分及其含量。方框可为任意尺寸，并与包装的基线垂直，表题为"营养成分表"。如果产品根据相关法规或标准，添加了可选择性成分或强化了某些物质，则还应标示这些成分及其含量。

4.3.2 预包装特殊膳食用食品中能量和营养成分的含量应以每100g（克）和（或）每100mL（毫升）和（或）每份食品可食部中的具体数值来标示。当用份标示时，应标明每份食品的量，份的大小可根据食品的特点或推荐量规定。如有必要或相应产品标准中另有要求的，还应标示出每100kJ（千焦）产品中各营养成分的含量。

4.3.3 能量或营养成分的标示数值可通过产品检测或原料计算获得。在产品保质期内，能量和营养成分的实际含量不应低于标示值的80%，并应符合相应产品标准的要求。

4.3.4 当预包装特殊膳食用食品中的蛋白质由水解蛋白质或氨基酸提供时，"蛋白质"项可用"蛋白质"、"蛋白质（等同物）"或"氨基酸总量"任意一种方式来标示。

4.4 食用方法和适宜人群

4.4.1 应标示预包装特殊膳食用食品的食用方法、每日或每餐食用量，必要时应标示调配方法或复水再制方法。

4.4.2 应标示预包装特殊膳食用食品的适宜人群。对于特殊医学用途婴儿配方食品和特殊医学用途配方食品，适宜人群按产品标准要求标示。

4.5 贮存条件

4.5.1 应在标签上标明预包装特殊膳食用食品的贮存条件，必要时应标明开封后的贮存条件。

4.5.2 如果开封后的预包装特殊膳食用食品不宜贮存或不宜在原包装容器内贮存，应向消费者特别提示。

4.6 标示内容的豁免

当预包装特殊膳食用食品包装物或包装容器的最大表面面积小于$10\,cm^2$时，可只标示产品名称、净含量、生产者（或经销者）的名称和地址、生产日期和保质期。

5 可选择标示内容

5.1 能量和营养成分占推荐摄入量或适宜摄入量的质量百分比

在标示能量值和营养成分含量值的同时，可依据适宜人群，标示每100g（克）和（或）每100mL（毫升）和（或）每份食品中的能量和营养成分含量占《中国居民膳食营养素参考摄入量》中的推荐摄入量（RNI）或适宜摄入量（AI）的质量百分比。无推荐摄入量（RNI）或适宜摄入量（AI）的营养成分，可不标示质量百分比，或者用"–"等方式标示。

5.2 能量和营养成分的含量声称

5.2.1 能量或营养成分在产品中的含量达到相应产品标准的最小值或允许强化的最低值时，可进行含量声称。

5.2.2 某营养成分在产品标准中无最小值要求或无最低强化量要求的，应提供其他国家和（或）国际组织允许对该营养成分进行含量声称的依据。

5.2.3 含量声称用语包括"含有"、"提供"、"来源"、"含"、"有"等。

5.3 能量和营养成分的功能声称

5.3.1 符合含量声称要求的预包装特殊膳食用食品，可对能量和（或）营养成分进行功能声称。功能声称的用语应选择使用 GB 28050 中规定的功能声称标准用语。

5.3.2 对于 GB 28050 中没有列出功能声称标准用语的营养成分，应提供其他国家和（或）国际组织关于该物质功能声称用语的依据。

附录A　特殊膳食用食品的类别

特殊膳食用食品的类别主要包括：

a）婴幼儿配方食品：

　　1）婴儿配方食品；

　　2）较大婴儿和幼儿配方食品；

　　3）特殊医学用途婴儿配方食品；

b）婴幼儿辅助食品：

　　1）婴幼儿谷类辅助食品；

　　2）婴幼儿罐装辅助食品；

c）特殊医学用途配方食品（特殊医学用途婴儿配方食品涉及的品种除外）；

d）除上述类别外的其他特殊膳食用食品（包括辅食营养补充品、运动营养食品，以及其他具有相应国家标准的特殊膳食用食品）。

食品中真菌毒素限量

（GB 2761—2011）

前　言

　　本标准代替GB 2761—2005《食品中真菌毒素限量》以及GB 2715—2005《粮食卫生标准》中的真菌毒素限量指标。

　　本标准与GB 2761—2005相比，主要变化如下：

　　——修改了标准名称；

　　——增加了可食用部分的定义；

　　——增加了应用原则；

　　——增加了赭曲霉毒素A、玉米赤霉烯酮指标；

　　——修改了黄曲霉毒素B_1、黄曲霉毒素M_1、脱氧雪腐镰刀菌烯醇及展青霉素限量指标；

　　——修改了黄曲霉毒素B_1、黄曲霉毒素M_1及脱氧雪腐镰刀菌烯醇的检测方法；

　　——增加了附录A。

1 范围

本标准规定了食品中黄曲霉毒素B_1、黄曲霉毒素M_1、脱氧雪腐镰刀菌烯醇、展青霉素、赭曲霉毒素A及玉米赤霉烯酮的限量指标。

2 术语和定义

2.1 真菌毒素

真菌在生长繁殖过程中产生的次生有毒代谢产物。

2.2 可食用部分

食品原料经过机械手段（如谷物碾磨、水果剥皮、坚果去壳、肉去骨、鱼去刺、贝去壳等）去除非食用部分后，所得到的用于食用的部分。

注1：非食用部分的去除不可采用任何非机械手段（如粗制植物油精炼过程）。

注2：用相同的食品原料生产不同产品时，可食用部分的量依生产工艺不同而异。如用麦类加工麦片和全麦粉时，可食用部分按100%计算；加工小麦粉时，可食用部分按出粉率折算。

2.3 限量

真菌毒素在食品原料和（或）食品成品可食用部分中允许的最大含量水平。

3 应用原则

3.1 无论是否制定真菌毒素限量，食品生产和加工者均应采取控制措施，使食品中真菌毒素的含量达到最低水平。

3.2 本标准列出了可能对公众健康构成较大风险的真菌毒素，制定限量值的食品是对消费者膳食暴露量产生较大影响的食品。

3.3 食品类别（名称）说明（附录A）用于界定真菌毒素限量的适用范围，仅适用于本标准。当某种真菌毒素限量应用于某一食品类别（名称）时，则该食品类别（名称）内的所有类别食品均适用，有特别规定的除外。

3.4 食品中真菌毒素限量以食品通常的可食用部分计算，有特别规定的除外。

3.5 干制食品中真菌毒素限量以相应食品原料脱水率或浓缩率折算。脱水率或浓缩率可通过对食品的分析、生产者提供的信息以及其他可获得的数据信息等确定。

4　指标要求

4.1　黄曲霉毒素B₁

4.1.1　食品中黄曲霉毒素 B₁ 限量指标见表 1。

表1　食品中黄曲霉毒素B₁限量指标

食品类别（名称）	限量 μg/kg
谷物及其制品	
玉米、玉米面（渣、片）及玉米制品	20
稻谷ᵃ、糙米、大米	10
小麦、大麦、其他谷物	5.0
小麦粉、麦片、其他去壳谷物	5.0
豆类及其制品	
发酵豆制品	5.0
坚果及籽类	
花生及其制品	20
其他熟制坚果及籽类	5.0
油脂及其制品	
植物油脂（花生油、玉米油除外）	10
花生油、玉米油	20
调味品	
酱油、醋、酿造酱（以粮食为主要原料）	5.0
特殊膳食用食品	
婴幼儿配方食品	
婴儿配方食品ᵇ	0.5（以粉状产品计）
较大婴儿和幼儿配方食品ᵇ	0.5（以粉状产品计）
特殊医学用途婴儿配方食品	0.5（以粉状产品计）
婴幼儿辅助食品	
婴幼儿谷类辅助食品	0.5

　ᵃ稻谷以糙米计。

　ᵇ以大豆及大豆蛋白制品为主要原料的产品。

4.1.2　检验方法：婴幼儿配方食品及婴幼儿辅助食品按 GB 5009.24 规定的方

法测定，其他食品按 GB/T 18979 规定的方法测定。

4.2 黄曲霉毒素 M_1

4.2.1 食品中黄曲霉毒素 M_1 限量指标见表 2。

表2　食品中黄曲霉毒素 M_1 限量指标

食品类别（名称）	限量 μg/kg
乳及乳制品[a]	0.5
特殊膳食用食品	
婴儿配方食品[b]	0.5（以粉状产品计）
较大婴儿和幼儿配方食品[b]	0.5（以粉状产品计）
特殊医学用途婴儿配方食品	0.5（以粉状产品计）

[a] 乳粉按生乳折算。

[b] 以乳类及乳蛋白制品为主要原料的产品。

4.2.2 检验方法：婴幼儿配方食品按 GB 5009.24 规定的方法测定，乳及乳制品按 GB 5413.37 规定的方法测定。

4.3 脱氧雪腐镰刀菌烯醇

4.3.1 食品中脱氧雪腐镰刀菌烯醇限量指标见表 3。

表3　食品中脱氧雪腐镰刀菌烯醇限量指标

食品类别（名称）	限量 μg/kg
谷物及其制品	
玉米、玉米面（渣、片）	1000
大麦、小麦、麦片、小麦粉	1000

4.3.2 检验方法：按 GB/T 23503 规定的方法测定。

4.4 展青霉素

4.4.1 食品中展青霉素限量指标见表 4。

表4 食品中展青霉素限量指标

食品类别（名称）ª	限量 μg/kg
水果及其制品	
水果制品（果丹皮除外）	50
饮料类	
果蔬汁类	50
酒类	50

ª 仅限于以苹果、山楂为原料制成的产品。

4.4.2 检验方法：按 GB/T 5009.185 规定的方法测定。

4.5 赭曲霉毒素A

4.5.1 食品中赭曲霉毒素 A 限量指标见表5。

表5 食品中赭曲霉毒素A限量指标

食品类别（名称）	限量 μg/kg
谷物及其制品	
谷物ª	5.0
谷物碾磨加工品	5.0
豆类及其制品	
豆类	5.0

ª 稻谷以糙米计。

4.5.2 检验方法：按 GB/T 23502 规定的方法测定。

4.6 玉米赤霉烯酮

4.6.1 食品中玉米赤霉烯酮限量指标见表6。

表6 食品中玉米赤霉烯酮限量指标

食品类别（名称）	限量 μg/kg
谷物及其制品	
小麦、小麦粉	60
玉米、玉米面（渣、片）	60

4.6.2 检验方法：按 GB / T 5009.209 规定的方法测定。

附录A　食品类别（名称）说明

A.1　食品类别（名称）说明见表 A.1。

表A.1　食品类别（名称）说明

水果及其制品	新鲜水果（未经加工的、经表面处理的、去皮或预切的、冷冻的水果） 　　浆果和其他小粒水果 　　其他新鲜水果（包括甘蔗） 水果制品 　　水果罐头 　　水果干类 　　醋、油或盐渍水果 　　果酱（泥） 　　蜜饯凉果（包括果丹皮） 　　发酵的水果制品 　　煮熟的或油炸的水果 　　水果甜品 　　其他水果制品
谷物及其制品（不包括焙烤制品）	谷物 　　稻谷 　　玉米 　　小麦 　　大麦 　　其他谷物[例如，粟（谷子）、高粱、黑麦、燕麦、荞麦等] 谷物碾磨加工品 　　糙米 　　大米 　　小麦粉 　　玉米面（渣、片） 　　麦片 　　其他去壳谷物（例如，小米、高粱米、大麦米、黍米等）

谷物及其制品（不包括焙烤制品）	谷物制品 　　大米制品（例如，米粉、汤圆粉及其他制品等） 　　小麦粉制品 　　　　生湿面制品（例如，面条、饺子皮、馄饨皮、烧麦皮等） 　　　　生干面制品 　　　　发酵面制品 　　　　面糊（例如，用于鱼和禽肉的拖面糊）、裹粉、煎炸粉 　　　　面筋 　　　　其他小麦粉制品 　　玉米制品 　　其他谷物制品（例如，带馅（料）面米制品、八宝粥罐头等）
豆类及其制品	豆类（干豆、以干豆磨成的粉） 豆类制品 　　非发酵豆制品（例如，豆浆、豆腐类、豆干类、腐竹类、熟制豆类、大豆蛋白膨化食品、大豆素肉等） 　　发酵豆制品（例如，腐乳类、纳豆、豆豉、豆豉制品等） 　　豆类罐头
坚果及籽类	新鲜坚果及籽类 　　木本坚果（树果） 　　油料（不包括谷物种子和豆类） 　　饮料及甜味种子（例如，可可豆、咖啡豆等） 坚果及籽类制品 　　熟制坚果及籽类（带壳、脱壳） 　　包衣的坚果及籽类 　　坚果及籽类罐头 　　坚果及籽类的泥（酱），包括花生酱等 　　其他坚果及籽类制品（例如，腌渍的果仁等）
乳及乳制品	生乳 巴氏杀菌乳 灭菌乳 调制乳 发酵乳 炼乳 乳粉 乳清粉和乳清蛋白粉 干酪 再制干酪 其他乳制品

续表

油脂及其制品	植物油脂 动物油脂（例如，猪油、牛油、鱼油、稀奶油、奶油、无水奶油等） 油脂制品 　　氢化植物油及以氢化植物油为主的产品（例如，人造奶油、起酥油等） 　　调和油 　　其他油脂制品
调味品	食用盐 鲜味剂和助鲜剂 醋 酱油 酱及酱制品 调味料酒 香辛料类 　　香辛料及粉 　　香辛料油 　　香辛料酱（例如，芥末酱、青芥酱等） 　　其他香辛料加工品 水产调味品 　　鱼类调味品（例如，鱼露等） 　　其他水产调味品（例如，蚝油、虾油等） 复合调味料（例如，固体汤料、鸡精、鸡粉、蛋黄酱、沙拉酱、调味清汁等） 其他调味品
饮料类	包装饮用水 　　矿泉水 　　纯净水 　　其他包装饮用水 果蔬汁类（例如，苹果汁、苹果醋、山楂汁、山楂醋等） 　　果蔬汁（浆） 　　浓缩果蔬汁（浆） 　　其他果蔬汁（肉）饮料（包含发酵型产品） 蛋白饮料类 　　含乳饮料（发酵型含乳饮料、配制型含乳饮料、乳酸菌饮料） 　　植物蛋白饮料 　　复合蛋白饮料 碳酸饮料类 茶饮料类 咖啡饮料类 植物饮料类 风味饮料类 特殊用途饮料类（例如，运动饮料、营养素饮料等） 固体饮料类（包括速溶咖啡） 其他饮料类

酒类	蒸馏酒（例如，白酒、白兰地、威士忌、伏特加、朗姆酒等） 配制酒 发酵酒（例如，葡萄酒、黄酒、果酒、啤酒等）
特殊膳食用食品	婴幼儿配方食品 　　婴儿配方食品 　　较大婴儿和幼儿配方食品 　　特殊医学用途婴儿配方食品 婴幼儿辅助食品 　　婴幼儿谷类辅助食品 　　婴幼儿罐装辅助食品 其他特殊膳食用食品

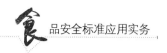

食品中污染物限量

（GB 2762—2012）

前　言

本标准部分代替GB 2762—2005《食品中污染物限量》。

本标准与GB 2762—2005相比，主要变化如下：

——修改了标准名称；

——增加了可食用部分的定义；

——增加了应用原则；

——取消了硒、铝、氟的限量规定；

——增加了锡、镍、3–氯–1,2–丙二醇及硝酸盐的限量规定；

——将N–亚硝胺限量指标由N–二甲基亚硝胺和N–二甲基乙硝胺调整为N–二甲基亚硝胺，并将N–亚硝胺限量指标名称修改为N–二甲基亚硝胺；

——增加了附录A；

——稀土限量指标按原GB 2762—2005执行。

1 范围

本标准规定了食品中铅、镉、汞、砷、锡、镍、铬、亚硝酸盐、硝酸盐、苯并[a]芘、N-二甲基亚硝胺、多氯联苯、3-氯-1,2-丙二醇的限量指标。

2 术语和定义

2.1 污染物

食品在从生产（包括农作物种植、动物饲养和兽医用药）、加工、包装、贮存、运输、销售、直至食用等过程中产生的或由环境污染带入的、非有意加入的化学性危害物质。

本标准所规定的污染物是指除农药残留、兽药残留、生物毒素和放射性物质以外的污染物。

2.2 可食用部分

食品原料经过机械手段（如谷物碾磨、水果剥皮、坚果去壳、肉去骨、鱼去刺、贝去壳等）去除非食用部分后，所得到的用于食用的部分。

注1：非食用部分的去除不可采用任何非机械手段（如粗制植物油精炼过程）。

注2：用相同的食品原料生产不同产品时，可食用部分的量依生产工艺不同而异。如用麦类加工麦片和全麦粉时，可食用部分按100%计算；加工小麦粉时，可食用部分按出粉率折算。

2.3 限量

污染物在食品原料和（或）食品成品可食用部分中允许的最大含量水平。

3 应用原则

3.1 无论是否制定污染物限量，食品生产和加工者均应采取控制措施，使食品中污染物的含量达到最低水平。

3.2 本标准列出了可能对公众健康构成较大风险的污染物，制定限量值的食品是对消费者膳食暴露量产生较大影响的食品。

3.3 食品类别（名称）说明（附录A）用于界定污染物限量的适用范围，仅适用于本标准。当某种污染物限量应用于某一食品类别（名称）时，则该食品类别（名称）内的所有类别食品均适用，有特别规定的除外。

3.4 食品中污染物限量以食品通常的可食用部分计算，有特别规定的除外。

3.5 干制食品中污染物限量以相应食品原料脱水率或浓缩率折算。脱水率或浓缩率可通过对食品的分析、生产者提供的信息以及其他可获得的数据信息等确定。

4 指标要求

4.1 铅

4.1.1 食品中铅限量指标见表 1。

表 1 食品中铅限量指标

食品类别（名称）	限量（以Pb计）mg/kg
谷物及其制品ª[麦片、面筋、八宝粥罐头、带馅（料）面米制品除外] 麦片、面筋、八宝粥罐头、带馅（料）面米制品	0.2 0.5
蔬菜及其制品	
新鲜蔬菜（芸薹类蔬菜、叶菜蔬菜、豆类蔬菜、薯类除外）	0.1
芸薹类蔬菜、叶菜蔬菜	0.3
豆类蔬菜、薯类	0.2
蔬菜制品	1.0
水果及其制品	
新鲜水果（浆果和其他小粒水果除外）	0.1
浆果和其他小粒水果	0.2
水果制品	1.0
食用菌及其制品	1.0
豆类及其制品	
豆类	0.2
豆类制品（豆浆除外）	0.5
豆浆	0.05
藻类及其制品（螺旋藻及其制品除外）	1.0（干重计）
坚果及籽类（咖啡豆除外）	0.2
咖啡豆	0.5
肉及肉制品	
肉类（畜禽内脏除外）	0.2
畜禽内脏	0.5
肉制品	0.5

续表

食品类别（名称）	限量（以Pb计） mg/kg
水产动物及其制品	
鲜、冻水产动物（鱼类、甲壳类、双壳类除外）	1.0（去除内脏）
鱼类、甲壳类	0.5
双壳类	1.5
水产制品（海蜇制品除外）	1.0
海蜇制品	2.0
乳及乳制品	
生乳、巴氏杀菌乳、灭菌乳、发酵乳、调制乳	0.05
乳粉、非脱盐乳清粉	0.5
其他乳制品	0.3
蛋及蛋制品（皮蛋、皮蛋肠除外）	0.2
皮蛋、皮蛋肠	0.5
油脂及其制品	0.1
调味品（食用盐、香辛料类除外）	1.0
食用盐	2.0
香辛料类	3.0
食糖及淀粉糖	0.5
淀粉及淀粉制品	
食用淀粉	0.2
淀粉制品	0.5
焙烤食品	0.5
饮料类	
包装饮用水	0.01 mg/L
果蔬汁类（浓缩果蔬汁（浆）除外）	0.05 mg/L
浓缩果蔬汁（浆）	0.5 mg/L
蛋白饮料类（含乳饮料除外）	0.3 mg/L
含乳饮料	0.05 mg/L
碳酸饮料类、茶饮料类	0.3 mg/L
固体饮料类	1.0
其他饮料类	0.3 mg/L
酒类（蒸馏酒、黄酒除外）	0.2
蒸馏酒、黄酒	0.5
可可制品、巧克力和巧克力制品以及糖果	0.5
冷冻饮品	0.3

续表

食品类别（名称）	限量（以 Pb 计） mg/kg
特殊膳食用食品	
婴幼儿配方食品（液态产品除外）	0.15(以粉状产品计)
液态产品	0.02(以即食状态计)
婴幼儿辅助食品	
婴幼儿谷类辅助食品（添加鱼类、肝类、蔬菜类的产品除外）	0.2
添加鱼类、肝类、蔬菜类的产品	0.3
婴幼儿罐装辅助食品（以水产及动物肝脏为原料的产品除外）	0.25
以水产及动物肝脏为原料的产品	0.3
其他类	
果冻	0.5
膨化食品	0.5
茶叶	5.0
干菊花	5.0
苦丁茶	2.0
蜂产品	
蜂蜜	1.0
花粉	0.5

[a] 稻谷以糙米计。

4.1.2 检验方法：按 GB 5009.12 规定的方法测定。

4.2 镉

4.2.1 食品中镉限量指标见表 2。

表 2　食品中镉限量指标

食品类别（名称）	限量（以 Cd 计） mg/kg
谷物及其制品	
谷物（稻谷 [a] 除外）	0.1
谷物碾磨加工品（糙米、大米除外）	0.1
稻谷 [a]、糙米、大米	0.2

续表

食品类别（名称）	限量（以 Cd 计） mg/kg
蔬菜及其制品	
新鲜蔬菜（叶菜蔬菜、豆类蔬菜、块根和块茎蔬菜、茎类蔬菜除外）	0.05
叶菜蔬菜	0.2
豆类蔬菜、块根和块茎蔬菜、茎类蔬菜（芹菜除外）	0.1
芹菜	0.2
水果及其制品	
新鲜水果	0.05
食用菌及其制品	
新鲜食用菌（香菇和姬松茸除外）	0.2
香菇	0.5
食用菌制品（姬松茸制品除外）	0.5
豆类及其制品	
豆类	0.2
坚果及籽类	
花生	0.5
肉及肉制品	
肉类（畜禽内脏除外）	0.1
畜禽肝脏	0.5
畜禽肾脏	1.0
肉制品（肝脏制品、肾脏制品除外）	0.1
肝脏制品	0.5
肾脏制品	1.0
水产动物及其制品	
鲜、冻水产动物	
鱼类	0.1
甲壳类	0.5
双壳类、腹足类、头足类、棘皮类	2.0（去除内脏）
水产制品	
鱼类罐头（凤尾鱼、旗鱼罐头除外）	0.2
凤尾鱼、旗鱼罐头	0.3
其他鱼类制品（凤尾鱼、旗鱼制品除外）	0.1
凤尾鱼、旗鱼制品	0.3
蛋及蛋制品	0.05
调味品	
食用盐	0.5
鱼类调味品	0.1
饮料类	
包装饮用水（矿泉水除外）	0.005 mg/L
矿泉水	0.003 mg/L

[a] 稻谷以糙米计。

4.2.2 检验方法：按 GB/T 5009.15 规定的方法测定。

4.3 汞

4.3.1 食品中汞限量指标见表 3。

表3　食品中汞限量指标

食品类别（名称）	限量（以 Hg 计）mg/kg	
	总汞	甲基汞[a]
水产动物及其制品（肉食性鱼类及其制品除外）	—	0.5
肉食性鱼类及其制品	—	1.0
谷物及其制品		
稻谷[b]、糙米、大米、玉米、玉米面（渣、片）、小麦、小麦粉	0.02	—
蔬菜及其制品		
新鲜蔬菜	0.01	—
食用菌及其制品	0.1	
肉及肉制品		
肉类	0.05	
乳及乳制品		
生乳、巴氏杀菌乳、灭菌乳、调制乳、发酵乳	0.01	
蛋及蛋制品		
鲜蛋	0.05	
调味品		
食用盐	0.1	
饮料类		
矿泉水	0.001 mg/L	
特殊膳食用食品		
婴幼儿罐装辅助食品	0.02	—

[a] 水产动物及其制品可先测定总汞，当总汞水平不超过甲基汞限量值时，不必测定甲基汞；否则，需再测定甲基汞。

[b] 稻谷以糙米计。

4.3.2 检验方法：按 GB/T 5009.17 规定的方法测定。

4.4 砷

4.4.1 食品中砷限量指标见表 4。

表 4　食品中砷限量指标

食品类别（名称）	限量（以As计）mg/kg	
	总砷	无机砷
谷物及其制品		
谷物（稻谷ᵃ除外）	0.5	—
谷物碾磨加工品（糙米、大米除外）	0.5	—
稻谷ᵃ、糙米、大米	—	0.2
水产动物及其制品（鱼类及其制品除外）	—	0.5
鱼类及其制品	—	0.1
蔬菜及其制品		
新鲜蔬菜	0.5	—
食用菌及其制品	0.5	—
肉及肉制品	0.5	—
乳及乳制品		
生乳、巴氏杀菌乳、灭菌乳、调制乳、发酵乳	0.1	
乳粉	0.5	
油脂及其制品	0.1	—
调味品（水产调味品、藻类调味品和香辛料类除外）	0.5	
水产调味品（鱼类调味品除外）	—	0.5
鱼类调味品	—	0.1
食糖及淀粉糖	0.5	—
饮料类		
包装饮用水	0.01 mg/L	—
可可制品、巧克力和巧克力制品以及糖果		
可可制品、巧克力和巧克力制品	0.5	
特殊膳食用食品		
婴幼儿谷类辅助食品（添加藻类的产品除外）	—	0.2
添加藻类的产品	—	0.3
婴幼儿罐装辅助食品（以水产及动物肝脏为原料的产品除外）	—	0.1
以水产及动物肝脏为原料的产品	—	0.3

ᵃ 稻谷以糙米计。

4.4.2　检验方法：按 GB/T 5009.11 规定的方法测定。

4.5　锡

4.5.1　食品中锡限量指标见表 5。

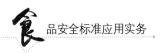

表5　食品中锡限量指标

食品类别（名称）	限量（以 Sn 计） mg/kg
食品（饮料类、婴幼儿配方食品、婴幼儿辅助食品除外）[a]	250
饮料类 　婴幼儿配方食品、婴幼儿辅助食品	150 50

[a] 仅限于采用镀锡薄板容器包装的食品。

4.5.2 检验方法：按 GB/T 5009.16 规定的方法测定。

4.6 镍

4.6.1 食品中镍限量指标见表6。

表6　食品中镍限量指标

食品类别（名称）	限量（以 Ni 计） mg/kg
油脂及其制品 　氢化植物油及氢化植物油为主的产品	1.0

4.6.2 检验方法：按 GB/T 5009.138 规定的方法测定。

4.7 铬

4.7.1 食品中铬限量指标见表7。

表7　食品中铬限量指标

食品类别（名称）	限量（以 Cr 计） mg/kg
谷物及其制品 　谷物[a] 　谷物碾磨加工品	 1.0 1.0
蔬菜及其制品 　新鲜蔬菜	 0.5
豆类及其制品 　豆类	 1.0
肉及肉制品	1.0
水产动物及其制品	2.0
乳及乳制品 　生乳、巴氏杀菌乳、灭菌乳、调制乳、发酵乳 　乳粉	 0.3 2.0

[a] 稻谷以糙米计。

4.7.2 检验方法：按 GB/T 5009.123 规定的方法测定。

4.8 亚硝酸盐、硝酸盐

4.8.1 食品中亚硝酸盐、硝酸盐限量指标见表8。

表8　食品中亚硝酸盐、硝酸盐限量指标

食品类别（名称）	限量 mg/kg	
	亚硝酸盐 （以 NaNO$_2$ 计）	硝酸盐 （以 NaNO$_3$ 计）
蔬菜及其制品		
腌渍蔬菜	20	
乳及乳制品		
生乳	0.4	—
乳粉	2.0	—
饮料类		
包装饮用水（矿泉水除外）	0.005 mg/L（以 NO$_2^-$ 计）	—
矿泉水	0.1 mg/L（以 NO$_2^-$ 计）	45mg/L（以 NO$_3^-$ 计）
特殊膳食用食品		
婴幼儿配方食品		
婴儿配方食品	2.0[a]（以粉状产品计）	100（以粉状产品计）
较大婴儿和幼儿配方食品	2.0[a]（以粉状产品计）	100[b]（以粉状产品计）
特殊医学用途婴儿配方食品	2.0（以粉状产品计）	100（以粉状产品计）
婴幼儿辅助食品		
婴幼儿谷类辅助食品	2.0[c]	100[b]
婴幼儿罐装辅助食品	4.0[c]	200[b]

[a] 仅适用于乳基产品。

[b] 不适合于添加蔬菜和水果的产品。

[c] 不适合于添加豆类的产品。

4.8.2 检验方法：饮料类按 GB/T 8538 规定的方法测定，其他食品按 GB 5009.33 规定的方法测定。

4.9 苯并[a]芘

4.9.1 食品中苯并 [a] 芘限量指标见表9。

表9　食品中苯并[a]芘限量指标

食品类别（名称）	限量 μg/kg
谷物及其制品 　稻谷 a、糙米、大米、小麦、小麦粉、玉米、玉米面（渣、片）	5.0
肉及肉制品 　熏、烧、烤肉类	5.0
水产动物及其制品 　熏、烤水产品	5.0
油脂及其制品	10

a 稻谷以糙米计。

4.9.2 检验方法：按 GB/T 5009.27 规定的方法测定。

4.10 N–二甲基亚硝胺

4.10.1 食品中 N– 二甲基亚硝胺限量指标见表10。

表10　食品中N–二甲基亚硝胺限量指标

食品类别（名称）	限量 μg/kg
肉及肉制品 　肉制品（肉类罐头除外）	3.0
水产动物及其制品 　水产制品（水产品罐头除外）	4.0

4.10.2 检验方法：按 GB/T 5009.26 规定的方法测定。

4.11 多氯联苯

4.11.1 食品中多氯联苯限量指标见表11。

表11　食品中多氯联苯限量指标

食品类别（名称）	限量 a mg/kg
水产动物及其制品	0.5

a 多氯联苯以PCB28、PCB52、PCB101、PCB118、PCB138、PCB153和PCB180总和计。

4.11.2 检验方法：按 GB/T 5009.190 规定的方法测定。

4.12 3氯−1,2−丙二醇

4.12.1 食品中 3−氯−1,2−丙二醇限量指标见表 12。

表 12　食品中 3−氯−1,2−丙二醇限量指标

食品类别（名称）	限量 mg/kg
调味品 ᵃ	
液态调味品	0.4
固态调味品	1.0

ᵃ 仅限于添加酸水解植物蛋白的产品。

4.12.2 检验方法：按 GB/T 5009.191 规定的方法测定。

附录A　食品类别（名称）说明

A.1 食品类别（名称）说明见表A.1。

表A.1　食品类别（名称）说明

水果及其制品	新鲜水果（未经加工的、经表面处理的、去皮或预切的、冷冻的水果） 　浆果和其他小粒水果 　其他新鲜水果（包括甘蔗） 水果制品 　水果罐头 　水果干类 　醋、油或盐渍水果 　果酱（泥） 　蜜饯凉果（包括果丹皮） 　发酵的水果制品 　煮熟的或油炸的水果 　水果甜品 　其他水果制品
蔬菜及其制品（包括薯类，不包括食用菌）	新鲜蔬菜（未经加工的、经表面处理的、去皮或预切的、冷冻的蔬菜） 　芸薹类蔬菜 　叶菜蔬菜（包括芸薹类叶菜） 　豆类蔬菜 　块根和块茎蔬菜（例如，薯类、胡萝卜、萝卜、生姜等） 　茎类蔬菜（包括豆芽菜） 　其他新鲜蔬菜（包括瓜果类、鳞茎类和水生类、芽菜类及竹笋等多年生蔬菜）

续表

蔬菜及其制品（包括薯类，不包括食用菌）	蔬菜制品 　　蔬菜罐头 　　干制蔬菜 　　腌渍蔬菜（例如，酱渍、盐渍、糖醋渍蔬菜等） 　　蔬菜泥（酱） 　　发酵蔬菜制品 　　经水煮或油炸的蔬菜 　　其他蔬菜制品
食用菌及其制品	新鲜食用菌（未经加工的、经表面处理的、预切的、冷冻的食用菌） 　　香菇 　　姬松茸 　　其他新鲜食用菌 食用菌制品 　　食用菌罐头 　　干制食用菌 　　腌渍食用菌（例如，酱渍、盐渍、糖醋渍食用菌等） 　　经水煮或油炸食用菌 　　其他食用菌制品
谷物及其制品（不包括焙烤制品）	谷物 　　稻谷 　　玉米 　　小麦 　　大麦 其他谷物[例如，粟（谷子）、高粱、黑麦、燕麦、荞麦等] 谷物碾磨加工品 　　糙米 　　大米 　　小麦粉 　　玉米面（渣、片） 　　麦片 　　其他去壳谷物（例如，小米、高粱米、大麦米、黍米等） 谷物制品 　　大米制品（例如，米粉、汤圆粉及其他制品等） 　　小麦粉制品 　　　　生湿面制品（例如，面条、饺子皮、馄饨皮、烧麦皮等） 　　　　生干面制品 　　　　发酵面制品 　　　　面糊（例如，用于鱼和禽肉的拖面糊）、裹粉、煎炸粉 　　　　面筋 　　　　其他小麦粉制品 　　玉米制品 　　其他谷物制品（例如，带馅（料）面米制品、八宝粥罐头等）

豆类及其制品	豆类（干豆、以干豆磨成的粉） 豆类制品 　　非发酵豆制品（例如，豆浆、豆腐类、豆干类、腐竹类、熟制豆类、 　　大豆蛋白膨化食品、大豆素肉等） 　　发酵豆制品（例如，腐乳类、纳豆、豆豉、豆豉制品等） 　　豆类罐头
藻类及其制品	新鲜藻类（未经加工的、经表面处理的、预切的、冷冻的藻类） 　　螺旋藻 　　其他新鲜藻类 藻类制品 　　藻类罐头 　　干制藻类 　　经水煮或油炸的藻类 　　其他藻类制品
坚果及籽类	新鲜坚果及籽类 　　木本坚果（树果） 　　油料（不包括谷物种子和豆类） 　　饮料及甜味种子（例如，可可豆、咖啡豆等） 坚果及籽类制品 　　熟制坚果及籽类（带壳、脱壳） 　　包衣的坚果及籽类 　　坚果及籽类罐头 　　坚果及籽类的泥（酱），包括花生酱等 　　其他坚果及籽类制品（例如，腌渍的果仁等）
肉及肉制品	肉类（生鲜、冷却、冷冻肉等） 　　畜禽肉 　　畜禽内脏（例如，肝、肾、肺、肠等） 肉制品（包括内脏制品） 　　预制肉制品 　　　　调理肉制品（生肉添加调理料） 　　　　腌腊肉制品类（例如，咸肉、腊肉、板鸭、中式火腿、腊肠等） 　　熟肉制品 　　　　肉类罐头 　　　　酱卤肉制品类 　　　　熏、烧、烤肉类 　　　　油炸肉类 　　　　西式火腿（熏烤、烟熏、蒸煮火腿）类 　　　　肉灌肠类 　　　　发酵肉制品类 　　　　熟肉干制品（例如，肉松、肉干、肉脯等） 　　　　其他熟肉制品

水产动物及其制品	鲜、冻水产动物 　鱼类 　　非肉食性鱼类 　　肉食性鱼类（例如，鲨鱼、金枪鱼等） 　甲壳类 　软体动物 　　头足类 　　双壳类 　　棘皮类 　　腹足类 　　其他软体动物 　其他鲜、冻水产动物 水产制品 　水产品罐头 　鱼糜制品（包括鱼丸等） 　腌制水产品 　鱼子制品 　干制水产品（风干、烘干、压干等） 　熏、烤水产品 　发酵水产品 　其他水产制品
乳及乳制品	生乳 巴氏杀菌乳 灭菌乳 调制乳 发酵乳 炼乳 乳粉 乳清粉和乳清蛋白粉（包括非脱盐乳清粉） 干酪 再制干酪 其他乳制品
蛋及蛋制品	鲜蛋 蛋制品 　卤蛋 　糟蛋 　皮蛋 　咸蛋 　脱水蛋制品（例如，蛋白粉、蛋黄粉、蛋白片等） 　热凝固蛋制品（例如，蛋黄酪、皮蛋肠等） 　冷冻蛋制品（例如，冰蛋等） 　其他蛋制品

油脂及其制品	植物油脂 动物油脂（例如，猪油、牛油、鱼油、稀奶油、奶油、无水奶油等） 油脂制品 　　氢化植物油及以氢化植物油为主的产品（例如，人造奶油、起酥油等） 　　调和油 　　其他油脂制品
调味品	食用盐 鲜味剂和助鲜剂 醋 酱油 酱及酱制品 调味料酒 香辛料类 　　香辛料及粉 　　香辛料油 　　香辛料酱（例如，芥末酱、青芥酱等） 　　其他香辛料加工品 水产调味品 　　鱼类调味品（例如，鱼露等） 　　其他水产调味品（例如，蚝油、虾油等） 复合调味料（例如，固体汤料、鸡精、鸡粉、蛋黄酱、沙拉酱、调味清汁等） 其他调味品
饮料类	包装饮用水 　　矿泉水 　　纯净水 　　其他包装饮用水 果蔬汁类（例如，苹果汁、苹果醋、山楂汁、山楂醋等） 　　果蔬汁（浆） 　　浓缩果蔬汁（浆） 　　其他果蔬汁（肉）饮料（包括发酵型产品） 蛋白饮料类 　　含乳饮料（发酵型含乳饮料、配制型含乳饮料、乳酸菌饮料） 　　植物蛋白饮料 　　复合蛋白饮料 碳酸饮料类 茶饮料类 咖啡饮料类 植物饮料类 风味饮料类 特殊用途饮料类（例如，运动饮料、营养素饮料等） 固体饮料类（包括速溶咖啡） 其他饮料类

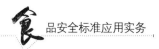

酒类	蒸馏酒（例如，白酒、白兰地、威士忌、伏特加、朗姆酒等） 配制酒 发酵酒（例如，葡萄酒、黄酒、果酒、啤酒等）
食糖及淀粉糖	食糖 　　白糖及白糖制品（例如，白砂糖、绵白糖、冰糖、方糖等） 　　其他糖和糖浆（例如，红糖、赤砂糖、冰片糖、原糖、糖蜜、部分转化糖、槭树糖浆等） 淀粉糖（例如，果糖、葡萄糖、饴糖、部分转化糖等）
淀粉及淀粉制品（包括谷物、豆类和块根植物提取的淀粉）	食用淀粉 淀粉制品 　　粉丝、粉条 　　藕粉 　　其他淀粉制品（例如，虾味片）
焙烤食品	面包 糕点（包括月饼） 饼干（例如，夹心饼干、威化饼干、蛋卷等） 其他焙烤食品
可可制品、巧克力和巧克力制品以及糖果	可可制品、巧克力和巧克力制品（包括代可可脂巧克力及制品） 糖果（包含胶基糖果）
冷冻饮品	冰淇淋、雪糕类 风味冰、冰棍类 食用冰 其他冷冻饮品
特殊膳食用食品	婴幼儿配方食品 　　婴儿配方食品 　　较大婴儿和幼儿配方食品 　　特殊医学用途婴儿配方食品 婴幼儿辅助食品 　　婴幼儿谷类辅助食品 　　婴幼儿罐装辅助食品 其他特殊膳食用食品
其他类（除上述食品以外的食品）	果冻 膨化食品 蜂产品（例如，蜂蜜、花粉等） 茶叶 干菊花 苦丁茶

食品中致病菌限量

（GB 29921—2013）

1 范围

本标准规定了食品中致病菌指标、限量要求和检验方法。

本标准适用于预包装食品。

本标准不适用于罐头类食品。

2 应用原则

2.1 无论是否规定致病菌限量，食品生产、加工、经营者均应采取控制措施，尽可能降低食品中的致病菌含量水平及导致风险的可能性。

2.2 按 GB 4789.1 规定采样后，按表 1 中的检验方法检验。

3 指标要求

食品中致病菌限量见表1。

表 1 食品中致病菌限量

食品类别	致病菌指标	采样方案及限量（若非指定，均以/25 g 或/25 mL 表示）				检验方法	备注
		n	c	m	M		
肉制品 熟肉制品	沙门氏菌	5	0	0	—	GB 4789.4	—
即食生肉制品	单核细胞增生李斯特氏菌	5	0	0	—	GB 4789.30	—
	金黄色葡萄球菌	5	1	100 CFU/g	1000 CFU/g	GB 4789.10 第二法	
	大肠埃希氏菌 O157:H7	5	0	0	—	GB/T 4789.36	仅适用于牛肉制品
水产制品 熟制水产品	沙门氏菌	5	0	0	—	GB 4789.4	
即食生制水产品	副溶血性弧菌	5	1	100 MPN/g	1000 MPN/g	GB/T 4789.7	
即食藻类制品	金黄色葡萄球菌	5	1	100 CFU/g	1000 CFU/g	GB 4789.10 第二法	
即食蛋制品	沙门氏菌	5	0	0	—	GB 4789.4	—
粮食制品 熟制粮食制品（含焙烤类）	沙门氏菌	5	0	0	—	GB 4789.4	—
熟制带馅（料）面米制品 方便面米制品	金黄色葡萄球菌	5	1	100 CFU/g	1000 CFU/g	GB 4789.10 第二法	—

续表

食品类别	致病菌指标	采样方案及限量（若非指定，均以/25 g 或/25 mL 表示）				检验方法	备注
		n	c	m	M		
即食豆类制品 发酵豆制品 非发酵豆制品	沙门氏菌	5	0	0	—	GB 4789.4	—
	金黄色葡萄球菌	5	1	100 CFU/g	1000 CFU/g	GB 4789.10 第二法	
巧克力类及可可制品	沙门氏菌	5	0	0	—	GB 4789.4	
即食果蔬制品（含酱腌菜类）	沙门氏菌	5	0	0	—	GB 4789.4	—
	金黄色葡萄球菌	5	1	100 CFU/g（mL）	1000 CFU/g（mL）	GB 4789.10 第二法	
	大肠埃希氏菌 O157:H7	5	0	0	—	GB/T 4789.36	仅适用于生食果蔬制品
饮料（包装用水、碳酸除外）	沙门氏菌	5	0	0	—	GB 4789.4	—
	金黄色葡萄球菌	5	1	100 CFU/g（mL）	1000 CFU/g（mL）	GB 4789.10 第二法	
冷冻饮品 冷冻饮品 冰淇淋类 雪糕（泥）类 食用冰、棍类	沙门氏菌	5	0	0	—	GB 4789.4	—
	金黄色葡萄球菌	5	1	100 CFU/g（mL）	1000 CFU/g（mL）	GB 4789.10 第二法	

续表

食品类别	致病菌指标	采样方案及限量（若非指定，均以 /25 g 或 /25 mL 表示）				检验方法	备注
		n	c	m	M		
即食调味品							
酱油	沙门氏菌	5	0	0	—	GB 4789.4	—
酱及酱制品	金黄色葡萄球菌	5	2	100 CFU/g	1000 CFU/g	GB 4789.10 第二法	
水产调味品	副溶血性弧菌	5	1	100 MPN/g（mL）	1000 MPN/g（mL）	GB/T 4789.7	仅适用于水产调味品
复合调味料（沙拉酱料等）							
坚果籽实制品							
坚果及籽类的泥（酱）腌制果仁类	沙门氏菌	5	0	0	—	GB 4789.4	—

注1：食品类别用于界定致病菌限量的适用范围，仅适用于本标准。

注2：n 为同一批次产品应采集样品件数；c 为最大可允许超出 m 值的样品数；m 为致病菌指标可接受水平的限量值；M 为致病菌指标的最高安全限量值。

食品营养强化剂使用标准

（GB 14880—2012）

前　言

本标准代替 GB 14880-1994《食品营养强化剂使用卫生标准》。

本标准与 GB 14880-1994 相比，主要变化如下：

——标准名称改为《食品安全国家标准食品营养强化剂使用标准》；

——增加了卫生部 1997 年 ~ 2012 年 1 号公告及 GB 2760-1996 附录 B 中营养强化剂的相关规定；

——增加了术语和定义；

——增加了营养强化的主要目的、使用营养强化剂的要求和可强化食品类别的选择要求；

——在风险评估的基础上，结合本标准的食品类别（名称），调整、合并了部分营养强化剂的使用品种、使用范围和使用量，删除了部分不适宜强化的食品类别；

——列出了允许使用的营养强化剂化合物来源名单；

——增加了可用于特殊膳食用食品的营养强化剂化合物来源名单和部分营养成分的使用范围和使用量；

——增加了食品类别（名称）说明；

——删除了原标准中附录 A "食品营养强化剂使用卫生标准实施细则"；

——保健食品中营养强化剂的使用和食用盐中碘的使用，按相关国家标准或法规管理。

1 范围

本标准规定了食品营养强化的主要目的、使用营养强化剂的要求、可强化食品类别的选择要求以及营养强化剂的使用规定。

本标准适用于食品中营养强化剂的使用。国家法律、法规和（或）标准另有规定的除外。

2 术语和定义

2.1 营养强化剂

为了增加食品的营养成分（价值）而加入到食品中的天然或人工合成的营养素和其他营养成分。

2.2 营养素

食物中具有特定生理作用，能维持机体生长、发育、活动、繁殖以及正常代谢所需的物质，包括蛋白质、脂肪、碳水化合物、矿物质、维生素等。

2.3 其他营养成分

除营养素以外的具有营养和（或）生理功能的其他食物成分。

2.4 特殊膳食用食品

为满足特殊的身体或生理状况和（或）满足疾病、紊乱等状态下的特殊膳食需求，专门加工或配方的食品。这类食品的营养素和（或）其他营养成分的含量与可类比的普通食品有显著不同。

3 营养强化的主要目的

3.1 弥补食品在正常加工、储存时造成的营养素损失。

3.2 在一定的地域范围内，有相当规模的人群出现某些营养素摄入水平低或缺乏，通过强化可以改善其摄入水平低或缺乏导致的健康影响。

3.3 某些人群由于饮食习惯和（或）其他原因可能出现某些营养素摄入量水平低或缺乏，通过强化可以改善其摄入水平低或缺乏导致的健康影响。

3.4 补充和调整特殊膳食用食品中营养素和（或）其他营养成分的含量。

4 使用营养强化剂的要求

4.1 营养强化剂的使用不应导致人群食用后营养素及其他营养成分摄入过量或不均衡，不应导致任何营养素及其他营养成分的代谢异常。

4.2 营养强化剂的使用不应鼓励和引导与国家营养政策相悖的食品消费模式。

4.3 添加到食品中的营养强化剂应能在特定的储存、运输和食用条件下保持质量的稳定。

4.4 添加到食品中的营养强化剂不应导致食品一般特性如色泽、滋味、气味、烹调特性等发生明显不良改变。

4.5 不应通过使用营养强化剂夸大食品中某一营养成分的含量或作用误导和欺骗消费者。

5 可强化食品类别的选择要求

5.1 应选择目标人群普遍消费且容易获得的食品进行强化。

5.2 作为强化载体的食品消费量应相对比较稳定。

5.3 我国居民膳食指南中提倡减少食用的食品不宜作为强化的载体。

6 营养强化剂的使用规定

6.1 营养强化剂在食品中的使用范围、使用量应符合附录 A 的要求，允许使用的化合物来源应符合附录 B 的规定。

6.2 特殊膳食用食品中营养素及其他营养成分的含量按相应的食品安全国家标准执行，允许使用的营养强化剂及化合物来源应符合本标准附录 C 和（或）相应产品标准的要求。

7 食品类别（名称）说明

食品类别（名称）说明用于界定营养强化剂的使用范围，只适用于本标准，见附录 D。如允许某一营养强化剂应用于某一食品类别（名称）时，则允许其应用于该类别下的所有类别食品，另有规定的除外。

8 营养强化剂质量标准

按照本标准使用的营养强化剂化合物来源应符合相应的质量规格要求。

附录 A 食品营养强化剂使用规定

食品营养强化剂使用规定见表 A.1。

表A.1 营养强化剂的允许使用品种、使用范围^a及使用量

营养强化剂	食品分类号	食品分类号	使用量
维生素类			
维生素 A	01.01.03	调制乳	600μg/kg~1000μg/kg
	01.03.02	调制乳粉（儿童用乳粉和孕产妇用乳粉除外）	3000μg/kg~9000μg/kg
		调制乳粉（仅限儿童用乳粉）	1200μg/kg~7000μg/kg
		调制乳粉（仅限孕产妇用乳粉）	2000μg/kg~10000μg/kg
	02.01.01.01	植物油	4000μg/kg~8000μg/kg
	02.02.01.02	人造黄油及其类似制品	4000μg/kg~8000μg/kg
	03.01	冰淇淋类、雪糕类	600μg/kg~1200μg/kg
	04.04.01.07	豆粉、豆浆粉	3000μg/kg~7000μg/kg
	04.04.01.08	豆浆	600μg/kg~1400μg/kg
	06.02.01	大米	600μg/kg~1200μg/kg
	06.03.01	小麦粉	600μg/kg~1200μg/kg
	06.06	即食谷物，包括辗轧燕麦（片）	2000μg/kg~6000μg/kg
	07.02.02	西式糕点	2330μg/kg~4000μg/kg
	07.03	饼干	2330μg/kg~4000μg/kg
	14.03.01	含乳饮料	300μg/kg~1000μg/kg
	14.06	固体饮料类	4000μg/kg~17000μg/kg
	16.01	果冻	600μg/kg~1000μg/kg
	16.06	膨化食品	600μg/kg~1500μg/kg
β-胡萝卜素	14.06	固体饮料类	3mg/kg~6mg/kg
维生素 D	01.01.03	调制乳	10μg/kg~40μg/kg
	01.03.02	调制乳粉（儿童用乳粉和孕产妇用乳粉除外）	63μg/kg~125μg/kg
		调制乳粉（仅限儿童用乳粉）	20μg/kg~112μg/kg
		调制乳粉（仅限孕产妇用乳粉）	23μg/kg~112μg/kg
	02.02.01.02	人造黄油及其类似制品	125μg/kg~156μg/kg
	03.01	冰淇淋类、雪糕类	10μg/kg~20μg/kg
	04.04.01.07	豆粉、豆浆粉	15μg/kg~60μg/kg
	04.04.01.08	豆浆	3μg/kg~15μg/kg
	06.05.02.03	藕粉	50μg/kg~100μg/kg
	06.06	即食谷物，包括辗轧燕麦（片）	12.5μg/kg~37.5μg/kg
	07.03	饼干	16.7μg/kg~33.3μg/kg
	07.05	其他焙烤食品	10μg/kg~70μg/kg

营养强化剂	食品分类号	食品分类号	使用量
维生素 D	14.02.03	果蔬汁（肉）饮料（包括发酵型产品等）	2μg/kg~10μg/kg
	14.03.01	含乳饮料	10μg/kg~40μg/kg
	14.04.02.02	风味饮料	2μg/kg~10μg/kg
	14.06	固体饮料类	10μg/kg~20μg/kg
	16.01	果冻	10μg/kg~40μg/kg
	16.06	膨化食品	10μg/kg~60μg/kg
维生素 E	01.01.03	调制乳	12mg/kg~50mg/kg
	01.03.02	调制乳粉（儿童用乳粉和孕产妇用乳粉除外）	100mg/kg~310mg/kg
		调制乳粉（仅限儿童用乳粉）	10mg/kg~60mg/kg
		调制乳粉（仅限孕产妇用乳粉）	32mg/kg~156mg/kg
	02.01.01.01	植物油	100mg/kg~180mg/kg
	02.02.01.02	人造黄油及其类似制品	100mg/kg~180mg/kg
	04.04.01.07	豆粉、豆浆粉	30mg/kg~70mg/kg
	04.04.01.08	豆浆	5mg/kg~15mg/kg
	05.02.01	胶基糖果	1050mg/kg~1450mg/kg
	06.06	即食谷物，包括辗轧燕麦（片）	50mg/kg~125mg/kg
	14.0	饮料类（14.01，14.06 涉及品种除外）	10mg/kg~40mg/kg
	14.06	固体饮料	76mg/kg~180mg/kg
	16.01	果冻	10mg/kg~70mg/kg
维生素 K	01.03.02	调制乳粉（仅限儿童用乳粉）	420 μg/kg ~ 750 μg/kg
		调制乳粉（仅限孕产妇用乳粉）	340 μg/kg ~ 680 μg/kg
维生素 B₁	01.03.02	调制乳粉（仅限儿童用乳粉）	1.5mg/kg~14mg/kg
		调制乳粉（仅限孕产妇用乳粉）	3mg/kg~17mg/kg
	04.04.01.07	豆粉、豆浆粉	6mg/kg~15mg/kg
	04.04.01.08	豆浆	1mg/kg~3mg/kg
	05.02.01	胶基糖果	16mg/kg~33mg/kg
	06.02	大米及其制品	3mg/kg~5mg/kg
	06.03	小麦粉及其制品	3mg/kg~5mg/kg
	06.04	杂粮粉及其制品	3mg/kg~5mg/kg
	06.06	即食谷物，包括辗轧燕麦（片）	7.5mg/kg~17.5mg/kg
	07.01	面包	3mg/kg~5mg/kg
	07.02.02	西式糕点	3mg/kg~6mg/kg
	07.03	饼干	3mg/kg~6mg/kg
	14.03.01	含乳饮料	1mg/kg~2mg/kg
	14.04.02.02	风味饮料	2mg/kg~3mg/kg
	14.06	固体饮料类	9mg/kg~22mg/kg
	16.01	果冻	1mg/kg~7mg/kg

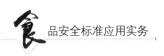

营养强化剂	食品分类号	食品分类号	使用量
维生素 B$_2$	01.03.02	调制乳粉（仅限儿童用乳粉）	8mg/kg~14mg/kg
		调制乳粉（仅限孕产妇用乳粉）	4mg/kg~22mg/kg
	04.04.01.07	豆粉、豆浆粉	6mg/kg~15mg/kg
	04.04.01.08	豆浆	1mg/kg~3mg/kg
	05.02.01	胶基糖果	16mg/kg~33mg/kg
	06.02	大米及其制品	3mg/kg~5mg/kg
	06.03	小麦粉及其制品	3mg/kg~5mg/kg
	06.04	杂粮粉及其制品	3mg/kg~5mg/kg
	06.06	即食谷物，包括辗轧燕麦（片）	7.5mg/kg~17.5mg/kg
	07.01	面包	3mg/kg~5mg/kg
	07.02.02	西式糕点	3.3mg/kg~7.0mg/kg
	07.03	饼干	3.3mg/kg~7.0mg/kg
	14.03.01	含乳饮料	1mg/kg~2mg/kg
	14.06	固体饮料类	9mg/kg~22mg/kg
	16.01	果冻	1mg/kg~7mg/kg
维生素 B$_6$	01.03.02	调制乳粉（儿童用乳粉和孕产妇用乳粉除外）	8mg/kg~16mg/kg
		调制乳粉（仅限儿童用乳粉）	1mg/kg~7mg/kg
		调制乳粉（仅限孕产妇用乳粉）	4mg/kg~22mg/kg
	06.06	即食谷物，包括辗轧燕麦（片）	10mg/kg~25mg/kg
	07.03	饼干	2mg/kg~5mg/kg
	07.05	其他焙烤食品	3mg/kg~15mg/kg
	14.0	饮料类（14.01、14.06 涉及品种除外）	0.4mg/kg~1.6mg/kg
	14.06	固体饮料类	7mg/kg~22mg/kg
	16.01	果冻	1mg/kg~7mg/kg
维生素 B$_{12}$	01.03.02	调制乳粉（仅限儿童用乳粉）	10μg/kg~30μg/kg
		调制乳粉（仅限孕产妇用乳粉）	10μg/kg~66μg/kg
	06.06	即食谷物，包括辗轧燕麦（片）	5μg/kg~10μg/kg
	07.05	其他焙烤食品	10μg/kg~70μg/kg
	14.0	饮料类（14.01、14.06 涉及品种除外）	0.6μg/kg~1.8μg/kg
	14.06	固体饮料类	10μg/kg~66μg/kg
	16.01	果冻	2μg/kg~6μg/kg

营养强化剂	食品分类号	食品分类号	使用量
维生素 C	01.02.02	风味发酵乳	120mg/kg~240mg/kg
	01.03.02	调制乳粉（儿童用乳粉和孕产妇用乳粉除外）	300mg/kg~1000mg/kg
		调制乳粉（仅限儿童用乳粉）	140mg/kg~800mg/kg
		调制乳粉（仅限孕产妇用乳粉）	1000mg/kg~1600mg/kg
	04.01.02.01	水果罐头	200mg/kg~400mg/kg
	04.01.02.02	果泥	50mg/kg~100mg/kg
	04.04.01.07	豆粉、豆浆粉	400mg/kg~700mg/kg
	05.02.01	胶基糖果	630mg/kg~13000mg/kg
	05.02.02	除胶基糖果以外的其他糖果	1000mg/kg~6000mg/kg
	06.06	即食谷物,包括辗轧燕麦（片）	300mg/kg~750mg/kg
	14.02.03	果蔬汁（肉）饮料（包括发酵型产品等）	250mg/kg~500mg/kg
	14.03.01	含乳饮料	120mg/kg~240mg/kg
	14.04	水基调味饮料类	250mg/kg~500mg/kg
	14.06	固体饮料类	1000mg/kg~2250mg/kg
	16.01	果冻	120mg/kg~240mg/kg
烟酸（尼克酸）	01.03.02	调制乳粉（仅限儿童用乳粉）	23mg/kg~47mg/kg
		调制乳粉（仅限孕产妇用乳粉）	42mg/kg~100mg/kg
	04.04.01.07	豆粉、豆浆粉	60mg/kg~120mg/kg
	04.04.01.08	豆浆	10mg/kg~30mg/kg
	06.02	大米及其制品	40mg/kg~50mg/kg
	06.03	小麦粉及其制品	40mg/kg~50mg/kg
	06.04	杂粮粉及其制品	40mg/kg~50mg/kg
	06.06	即食谷物,包括辗轧燕麦（片）	75mg/kg~218mg/kg
	07.01	面包	40mg/kg~50mg/kg
	07.03	饼干	30mg/kg~60mg/kg
	14.0	饮料类（14.01、14.06 涉及品种除外）	3mg/kg~18mg/kg
	14.06	固体饮料类	110mg/kg~330mg/kg
叶酸	01.01.03	调制乳（仅限孕产妇用调制乳）	400μg/kg~1200μg/kg
	01.03.02	调制乳粉（儿童用乳粉和孕产妇用乳粉除外）	2000μg/kg~5000μg/kg
		调制乳粉（仅限儿童用乳粉）	420μg/kg~3000μg/kg
		调制乳粉（仅限孕产妇用乳粉）	2000μg/kg~8200μg/kg
	06.02.01	大米（仅限免淘洗大米）	1000μg/kg~3000μg/kg
	06.03.01	小麦粉	1000μg/kg~3000μg/kg
	06.06	即食谷物,包括辗轧燕麦（片）	1000μg/kg~2500μg/kg
	07.03	饼干	390μg/kg~780μg/kg

续表

营养强化剂	食品分类号	食品分类号	使用量
叶酸	07.05	其他焙烤食品	2000µg/kg~7000µg/kg
	14.02.03	果蔬汁（肉）饮料（包括发酵型产品等）	157µg/kg~313µg/kg
	14.06	固体饮料类	600µg/kg~6000µg/kg
	16.01	果冻	50µg/kg~100µg/kg
泛酸	01.03.02	调制乳粉（仅限儿童用乳粉）	6mg/kg~60mg/kg
		调制乳粉（仅限孕产妇用乳粉）	20mg/kg~80mg/kg
	06.06	即食谷物，包括辗轧燕麦（片）	30mg/kg~50mg/kg
	14.04.01	碳酸饮料	1.1mg/kg~2.2mg/kg
	14.04.02.02	风味饮料	1.1mg/kg~2.2mg/kg
	14.05.01	茶饮料类	1.1mg/kg~2.2mg/kg
	14.06	固体饮料类	22mg/kg~80mg/kg
	16.01	果冻	2mg/kg~5mg/kg
生物素	01.03.02	调制乳粉（仅限儿童用乳粉）	38µg/kg~76µg/kg
胆碱	01.03.02	调制乳粉（仅限儿童用乳粉）	800mg/kg~1500mg/kg
		调制乳粉（仅限孕产妇用乳粉）	1600mg/kg~3400mg/kg
	16.01	果冻	50mg/kg~100mg/kg
肌醇	01.03.02	调制乳粉（仅限儿童用乳粉）	210mg/kg~250mg/kg
	14.02.03	果蔬汁（肉）饮料（包括发酵型产品等）	60mg/kg~120mg/kg
	14.04.02.02	风味饮料	60mg/kg~120mg/kg
矿物质类			
铁	01.01.03	调制乳	10mg/kg~20mg/kg
	01.03.02	调制乳粉（儿童用乳粉和孕产妇用乳粉除外）	60mg/kg~200mg/kg
		调制乳粉（仅限儿童用乳粉）	25mg/kg~135mg/kg
		调制乳粉（仅限孕产妇用乳粉）	50mg/kg~280mg/kg
	04.04.01.07	豆粉、豆浆粉	46mg/kg~80mg/kg
	05.02.02	除胶基糖果以外的其他糖果	600mg/kg~1200mg/kg
	06.02	大米及其制品	14mg/kg~26mg/kg
	06.03	小麦粉及其制品	14mg/kg~26mg/kg
	06.04	杂粮粉及其制品	14mg/kg~26mg/kg
	06.06	即食谷物，包括辗轧燕麦（片）	35mg/kg~80mg/kg

续表

营养强化剂	食品分类号	食品分类号	使用量
铁	07.01	面包	14mg/kg~26mg/kg
	07.02.02	西式糕点	40mg/kg~60mg/kg
	07.03	饼干	40mg/kg~80mg/kg
	07.05	其他焙烤食品	50mg/kg~200mg/kg
	12.04	酱油	180mg/kg~260mg/kg
	14.0	饮料类（14.01 及 14.06 涉及品种除外）	10mg/kg~20mg/kg
	14.06	固体饮料类	95mg/kg~220mg/kg
	16.01	果冻	10mg/kg~20mg/kg
钙	01.01.03	调制乳	250mg/kg~1000mg/kg
	01.03.02	调制乳粉（儿童用乳粉除外）	3000mg/kg~7200mg/kg
		调制乳粉（仅限儿童用乳粉）	3000mg/kg~6000mg/kg
	01.06	干酪和再制干酪	2500mg/kg~10000mg/kg
	03.01	冰淇淋类、雪糕类	2400mg/kg~3000mg/kg
	04.04.01.07	豆粉、豆浆粉	1600mg/kg~8000mg/kg
	06.02	大米及其制品	1600mg/kg~3200mg/kg
	06.03	小麦粉及其制品	1600mg/kg~3200mg/kg
	06.04	杂粮粉及其制品	1600mg/kg~3200mg/kg
	06.05.02.03	藕粉	2400mg/kg~3200mg/kg
	06.06	即食谷物，包括辗轧燕麦（片）	2000mg/kg~7000mg/kg
	07.01	面包	1600mg/kg~3200mg/kg
	07.02.02	西式糕点	2670mg/kg~5330mg/kg
	07.03	饼干	2670mg/kg~5330mg/kg
	07.05	其他焙烤食品	3000mg/kg~15000mg/kg
	08.03.05	肉灌肠类	850mg/kg~1700mg/kg
	08.03.07.01	肉松类	2500mg/kg~5000mg/kg
	08.03.07.02	肉干类	1700mg/kg~2550mg/kg
	10.03.01	脱水蛋制品	190mg/kg~650mg/kg
	12.03	醋	6000mg/kg~8000mg/kg
	14.0	饮料类（14.01、14.02 及 14.06 涉及品种除外）	160mg/kg~1350mg/kg
	14.02.03	果蔬汁（肉）饮料（包括发酵型产品等）	1000mg/kg~1800mg/kg
	14.06	固体饮料类	2500mg/kg~10000mg/kg
	16.01	果冻	390mg/kg~800mg/kg

续表

营养强化剂	食品分类号	食品分类号	使用量
锌	01.01.03	调制乳	5mg/kg~10mg/kg
	01.03.02	调制乳粉（儿童用乳粉和孕产妇用乳粉除外）	30mg/kg~60mg/kg
		调制乳粉（仅限儿童用乳粉）	50mg/kg~175mg/kg
		调制乳粉（仅限孕产妇用乳粉）	30mg/kg~140mg/kg
	04.04.01.07	豆粉、豆浆粉	29mg/kg~55.5mg/kg
	06.02	大米及其制品	10mg/kg~40mg/kg
	06.03	小麦粉及其制品	10mg/kg~40mg/kg
	06.04	杂粮粉及其制品	10mg/kg~40mg/kg
	06.06	即食谷物，包括辗轧燕麦（片）	37.5mg/kg~112.5mg/kg
	07.01	面包	10mg/kg~40mg/kg
	07.02.02	西式糕点	45mg/kg~80mg/kg
	07.03	饼干	45mg/kg~80mg/kg
	14.0	饮料类（14.01及14.06涉及品种除外）	3mg/kg~20mg/kg
	14.06	固体饮料类	60mg/kg~180mg/kg
	16.01	果冻	10mg/kg~20mg/kg
硒	01.03.02	调制乳粉（儿童用乳粉除外）	140μg/kg~280μg/kg
		调制乳粉（仅限儿童用乳粉）	60μg/kg~130μg/kg
	06.02	大米及其制品	140μg/kg~280μg/kg
	06.03	小麦粉及其制品	140μg/kg~280μg/kg
	06.04	杂粮粉及其制品	140μg/kg~280μg/kg
	07.01	面包	140μg/kg~280μg/kg
	07.03	饼干	30μg/kg~110μg/kg
	14.03.01	含乳饮料	50μg/kg~200μg/kg
镁	01.03.02	调制乳粉（儿童用乳粉和孕产妇用乳粉除外）	300mg/kg~1100mg/kg
	01.03.02	调制乳粉（仅限儿童用乳粉）	300mg/kg~2800mg/kg
		调制乳粉（仅限孕产妇用乳粉）	300mg/kg~2300mg/kg
	14.0	饮料类（14.01及14.06涉及品种除外）	30mg/kg~60mg/kg
	14.06	固体饮料类	1300mg/kg~2100mg/kg
铜	01.03.02	调制乳粉（儿童用乳粉和孕产妇用乳粉除外）	3mg/kg~7.5mg/kg
		调制乳粉（仅限儿童用乳粉）	2mg/kg~12mg/kg
		调制乳粉（仅限孕产妇用乳粉）	4mg/kg~23mg/kg

续表

营养强化剂	食品分类号	食品分类号	使用量
锰	01.03.02	调制乳粉（儿童用乳粉和孕产妇用乳粉除外）	0.3mg/kg~4.3mg/kg
		调制乳粉（仅限儿童用乳粉）	7mg/kg~15mg/kg
		调制乳粉（仅限孕产妇用乳粉）	11mg/kg~26mg/kg
钾	01.03.02	调制乳粉（仅限孕产妇用乳粉）	7000mg/kg~14100mg/kg
磷	04.04.01.07	豆粉、豆浆粉	1600mg/kg~3700mg/kg
	14.06	固体饮料类	1960mg/kg~7040mg/kg
其他			
L-赖氨酸	06.02	大米及其制品	1g/kg~2g/kg
	06.03	小麦粉及其制品	1g/kg~2g/kg
	06.04	杂粮粉及其制品	1g/kg~2g/kg
	07.01	面包	1g/kg~2g/kg
牛磺酸	01.03.02	调制乳粉	0.3g/kg~0.5g/kg
	04.04.01.07	豆粉、豆浆粉	0.3g/kg~0.5g/kg
	04.04.01.08	豆浆	0.06g/kg~0.1g/kg
	14.03.01	含乳饮料	0.1g/kg~0.5g/kg
	14.04.02.01	特殊用途饮料	0.1g/kg~0.5g/kg
	14.04.02.02	风味饮料	0.4g/kg~0.6g/kg
	14.06	固体饮料类	1.1g/kg~1.4g/kg
	16.01	果冻	0.3g/kg~0.5g/kg
左旋肉碱（L-肉碱）	01.03.02	调制乳粉（儿童用乳粉除外）	300mg/kg~400mg/kg
		调制乳粉（仅限儿童用乳粉）	50mg/kg~150mg/kg
	14.02.03	果蔬汁（肉）饮料（包括发酵型产品等）	600mg/kg~3000mg/kg
	14.03.01	含乳饮料	600mg/kg~3000mg/kg
	14.04.02.01	特殊用途饮料（仅限运动饮料）	100mg/kg~1000mg/kg
	14.04.02.02	风味饮料	600mg/kg~3000mg/kg
	14.06	固体饮料类	6000mg/kg~30000mg/kg
γ-亚麻酸	01.03.02	调制乳粉	20g/kg~50g/kg
	02.01.01.01	植物油	20g/kg~50g/kg
	14.0	饮料类（14.01，14.06涉及品种除外）	20g/kg~50g/kg
叶黄素	01.03.02	调制乳粉（仅限儿童用乳粉，液体按稀释倍数折算）	1620μg/kg~2700μg/kg

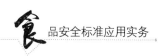
续表

营养强化剂	食品分类号	食品分类号	使用量
低聚果糖	01.03.02	调制乳粉（仅限儿童用乳粉和孕产妇用乳粉）	≤64.5g/kg
1,3-二油酸2-棕榈酸甘油三酯	01.03.02	调制乳粉（仅限儿童用乳粉，液体按稀释倍数折算）	24g/kg~96g/kg
花生四烯酸（AA或ARA）	01.03.02	调制乳粉（仅限儿童用乳粉）	≤1%（占总脂肪酸的百分比）
二十二碳六烯酸（DHA）	01.03.02	调制乳粉（仅限儿童用乳粉）	≤0.5%（占总脂肪酸的百分比）
		调制乳粉（仅限孕产妇用乳粉）	300mg/kg~1000mg/kg
乳铁蛋白	01.01.03	调制乳	≤1.0g/kg
	01.02.02	风味发酵乳	≤1.0g/kg
	14.03.01	含乳饮料	≤1.0g/kg
酪蛋白钙肽	06.0	粮食和粮食制品，包括大米、面粉、杂粮、淀粉等（06.01及07.0涉及品种除外）	≤1.6g/kg
	14.0	饮料类（14.01涉及品种除外）	≤1.6g/kg（固体饮料按冲调倍数增加使用量）
酪蛋白磷酸肽	01.01.03	调制乳	≤1.6g/kg
	01.02.02	风味发酵乳	≤1.6g/kg
	06.0	粮食和粮食制品，包括大米、面粉、杂粮、淀粉等（06.01及07.0涉及品种除外）	≤1.6g/kg
	14.0	饮料类（14.01涉及品种除外）	≤1.6g/kg（固体饮料按冲调倍数增加使用量）

ᵃ在表A.1中使用范围以食品分类号和食品类别（名称）表示。

附录B 允许使用的营养强化剂合物来源名单

允许使用的营养强化剂化合物来源名单见表B.1。

表B.1　允许使用的营养强化剂合物来源名单

营养强化剂	化合物来源
维生素 A	醋酸视黄酯（醋酸维生素 A） 棕榈酸视黄酯（棕榈酸维生素 A） 全反式视黄醇 β–胡萝卜素
β–胡萝卜素	β–胡萝卜素
维生素 D	麦角钙化醇（维生素 D_2） 胆钙化醇（维生素 D_3）
维生素 E	d–α–生育酚 dl–α–生育酚 d–α–醋酸生育酚 dl–α–醋酸生育酚 混合生育酚浓缩物 维生素 E 琥珀酸钙 d–α–琥珀酸生育酚 dl–α–琥珀酸生育酚
维生素 K	植物甲萘醌植
维生素 B_1	盐酸硫胺素 硝酸硫胺素
维生素 B_2	核黄素 核黄素 –5'–磷酸钠
维生素 B_6	盐酸吡哆醇 5'–磷酸吡哆醛
维生素 B_{12}	氰钴胺 盐酸氰钴胺 羟钴胺
维生素 C	L–抗坏血酸 L–抗坏血酸钙 维生素 C 磷酸酯镁 L–抗坏血酸钠 L–抗坏血酸钾 L–抗坏血酸 –6–棕榈酸盐（抗坏血酸棕榈酸酯）
烟酸（尼克酸）	烟酸 烟酰胺
叶酸	叶酸（蝶酰谷氨酸）
泛酸	D–泛酸钙 D–泛酸钠
生物素	D–生物素
胆碱	氯化胆碱 酒石酸氢胆碱

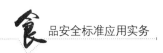

续表

营养强化剂	化合物来源
肌醇	肌醇（环己六醇）
铁	硫酸亚铁
	葡萄糖酸亚铁
	柠檬酸铁铵
	富马酸亚铁
	柠檬酸铁
	乳酸亚铁
	氯化高铁血红素
	焦磷酸铁
	铁卟啉
	甘氨酸亚铁
	还原铁
	乙二胺四乙酸铁钠
	羰基铁粉
	碳酸亚铁
	柠檬酸亚铁
	延胡索酸亚铁
	琥珀酸亚铁
	血红素铁
	电解铁
钙	碳酸钙
	葡萄糖酸钙
	柠檬酸钙
	乳酸钙
	L-乳酸钙
	磷酸氢钙
	L-苏糖酸钙
	甘氨酸钙
	天门冬氨酸钙
	柠檬酸苹果酸钙
	醋酸钙（乙酸钙）
	氯化钙
	磷酸三钙（磷酸钙）
	维生素E琥珀酸钙
	甘油磷酸钙
	氧化钙
	硫酸钙
	骨粉（超细鲜骨粉）

续表

营养强化剂	化合物来源
锌	硫酸锌 葡萄糖酸锌 甘氨酸锌 氧化锌 乳酸锌 柠檬酸锌 氯化锌 乙酸锌 碳酸锌
硒	亚硒酸钠 硒酸钠 硒蛋白 富硒食用菌粉 L-硒-甲基硒代半胱氨酸 硒化卡拉胶（仅限用于 14.03.01 含乳饮料） 富硒酵母（仅限用于 14.03.01 含乳饮料）
镁	硫酸镁 氯化镁 氧化镁 碳酸镁 磷酸氢镁 葡萄糖酸镁
铜	硫酸铜 葡萄糖酸铜 柠檬酸铜 碳酸铜
锰	硫酸锰 氯化锰 碳酸锰 柠檬酸锰 葡萄糖酸锰
钾	葡萄糖酸钾 柠檬酸钾 磷酸二氢钾 磷酸氢二钾 氯化钾
磷	磷酸三钙（磷酸钙） 磷酸氢钙
L-赖氨酸	L-盐酸赖氨酸 L-赖氨酸天门冬氨酸盐

续表

营养强化剂	化合物来源
牛磺酸	牛磺酸（氨基乙基磺酸）
左旋肉碱（L-肉碱）	左旋肉碱（L-肉碱） 左旋肉碱酒石酸盐（L-肉碱酒石酸盐）
γ-亚麻酸	γ-亚麻酸
叶黄素	叶黄素（万寿菊来源）
低聚果糖	低聚果糖（菊苣来源）
1,3-二油酸 2-棕榈酸甘油三酯	1,3-二油酸 2-棕榈酸甘油三酯
花生四烯酸（AA 或 ARA）	花生四烯酸油脂，来源：高山被孢霉（*Mortierella alpina*）
二十二碳六烯酸（DHA）	二十二碳六烯酸油脂，来源：裂壶藻（*Schizochytrium sp.*）、吾肯氏壶藻（*Ulkenia amoeboida*）、寇氏隐甲藻（*Crypthecodinium cohnii*）；金枪鱼油（Tuna oil）
乳铁蛋白	乳铁蛋白
酪蛋白钙肽	酪蛋白钙肽
酪蛋白磷酸肽	酪蛋白磷酸肽

附录C　允许用于特殊膳食品的营养强化剂及化合物来源

C.1　表 C.1 规定了允许用于特殊膳食用食品的营养强化剂及化合物来源。

C.2　表 C.2 规定了仅允许用于部分特殊膳食用食品的其他营养成分及使用量。

表C.1　允许用于特殊膳食用食品的营养强化剂及化合物来源

营养强化剂	化合物来源
维生素 A	醋酸视黄酯（醋酸维生素 A） 棕榈酸视黄酯（棕榈酸维生素 A） β-胡萝卜素 全反式视黄醇
维生素 D	麦角钙化醇（维生素 D_2） 胆钙化醇（维生素 D_3）
维生素 E	d-α-生育酚 dl-α-生育酚 d-α-醋酸生育酚 dl-α-醋酸生育酚 混合生育酚浓缩物 d-α-琥珀酸生育酚 dl-α-琥珀酸生育酚

续表

营养强化剂	化合物来源
维生素 K	植物甲萘醌
维生素 B_1	盐酸硫胺素 硝酸硫胺素
维生素 B_2	核黄素 核黄素 –5'– 磷酸钠
维生素 B_6	盐酸吡哆醇 5'– 磷酸吡哆醛
维生素 B_{12}	氰钴胺 盐酸氰钴胺 羟钴胺
维生素 C	L– 抗坏血酸 L– 抗坏血酸钠 L– 抗坏血酸钙 L– 抗坏血酸钾 抗坏血酸 –6– 棕榈酸盐（抗坏血酯棕榈酸酯）
烟酸（尼克酸）	烟酸 烟酰胺
叶酸	叶酸（蝶酰谷氨酸）
泛酸	D– 泛酸钙 D– 泛酸钠
生物素	D– 生物素
胆碱	氯化胆碱 酒石酸氢胆碱
肌醇	肌醇（环己六醇）
钠	碳酸氢钠 磷酸二氢钠 柠檬酸钠 氯化钠 磷酸氢二钠
钾	葡萄糖酸钾 柠檬酸钾 磷酸二氢钾 磷酸氢二钾 氯化钾
铜	硫酸铜 葡萄糖酸铜 柠檬酸铜 碳酸铜

续表

营养强化剂	化合物来源
镁	硫酸镁 氯化镁 氧化镁 碳酸镁 磷酸氢镁 葡萄糖酸镁
铁	硫酸亚铁 葡萄糖酸亚铁 柠檬酸铁铵 富马酸亚铁 柠檬酸铁 焦磷酸铁 乙二胺四乙酸铁钠（仅限用于辅食营养补充品）
锌	硫酸锌 葡萄糖酸锌 氧化锌 乳酸锌 柠檬酸锌 氯化锌 乙酸锌
锰	硫酸锰 氯化锰 碳酸锰 柠檬酸锰 葡萄糖酸锰
钙	碳酸钙 葡萄糖酸钙 柠檬酸钙 L–乳酸钙 磷酸氢钙 氯化钙 磷酸三钙（磷酸钙） 甘油磷酸钙 氧化钙 硫酸钙
磷	磷酸三钙（磷酸钙） 磷酸氢钙
碘	碘酸钾 碘化钾 碘化钠

续表

营养强化剂	化合物来源
硒	硒酸钠 亚硒酸钠
铬	硫酸铬 氯化铬
钼	钼酸钠 钼酸铵
牛磺酸	牛磺酸（氨基乙基磺酸）
L- 蛋氨酸（L- 甲硫氨酸）	非动物源性
L- 酪氨酸	非动物源性
L- 色氨酸	非动物源性
左旋肉碱（L- 肉碱）	左旋肉碱（L- 肉碱） 左旋肉碱酒石酸盐（L- 肉碱酒石酸盐）
二十二碳六烯酸（DHA）	二十二碳六烯酸油脂，来源：裂壶藻（*Schizochytrium* sp.）、吾肯氏壶藻（*Ulkenia amoeboida*）、寇氏隐甲藻（*Crypthecodinium cohnii*）；金枪鱼油（Tuna oil）
花生四烯酸（AA 或 ARA）	花生四烯酸油脂，来源：高山被孢霉（*Mortierella alpina*）

表C.2 仅允许用于部分特殊膳食用食品的其他营养成分及使用量

营养强化剂	食品分类号	食品类别（名称）	使用量[a]
低聚半乳糖（乳糖来源）	13.01 13.02.01	婴幼儿配方食品 婴幼儿谷类辅助食品	单独或混合使用，该类物质总量不超过 64.5g/kg
低聚果糖（菊苣来源）			
多聚果糖（菊苣来源）			
棉子糖（甜菜来源）			
聚葡萄糖	13.01	婴幼儿配方食品	15.6g/kg~31.25g/kg
1,3- 二油酸 2- 棕榈酸甘油三酯	13.01.01	婴儿配方食品	32g/kg~96g/kg
	13.01.02	较大婴儿和幼儿配方食品	24g/kg~96g/kg
	13.01.03	特殊医学用途婴儿配方食品	32g/kg~96g/kg
叶黄素（万寿菊来源）	13.01.01	婴儿配方食品	300μg/kg~2000μg/kg
	13.01.02	较大婴儿和幼儿配方食品	1620μg/kg~4230μg/kg
	13.01.03	特殊医学用途婴儿配方食品	300μg/kg~2000μg/kg
二十二碳六烯酸（DHA）	13.02.01	婴幼儿谷类辅助食品	≤1150mg/kg

续表

营养强化剂	食品分类号	食品类别（名称）	使用量 a
花生四烯酸 （AA 或 ARA）	13.02.01	婴幼儿谷类辅助食品	≤2300mg/kg
核苷酸 来源包括以下化合物： 5' 单磷酸胞苷（5'-CMP）、 5' 单磷酸尿苷（5'-UMP）、 5' 单磷酸腺苷（5'-AMP）、 5'- 肌苷酸二钠、 5'- 鸟苷酸二钠、 5'- 尿苷酸二钠、 5'- 胞苷酸二钠	13.01	婴幼儿配方食品	0.12g/kg~0.58g/kg（以核苷酸总量计）
乳铁蛋白	13.01	婴幼儿配方食品	≤1.0g/kg
酪蛋白钙肽	13.01	婴幼儿配方食品	≤3.0g/kg
	13.02	婴幼儿辅助食品	≤3.0g/kg
酪蛋白磷酸肽	13.01	婴幼儿配方食品	≤3.0g/kg
	13.02	婴幼儿辅助食品	≤3.0g/kg

a 使用量仅限于粉状产品，在液态产品中使用需按相应的稀释倍数折算。

附录D　食品类别（名称）说明

食品类别（名称）说明见表D.1。

表D.1　食品类别（名称）说明

食品分类号	食品类别（名称）
01.0	乳及乳制品（13.0 特殊膳食用食品涉及品种除外）
01.01	巴氏杀菌乳、灭菌乳和调制乳
01.01.01	巴氏杀菌乳
01.01.02	灭菌乳
01.01.03	调制乳
01.02	发酵乳和风味发酵乳
01.02.01	发酵乳
01.02.02	风味发酵乳
01.03	乳粉其调制产品
01.03.01	乳粉
01.03.02	调制乳粉
01.04	炼乳及其调制产品
01.04.01	淡炼乳
01.04.02	调制炼乳

食品分类号	食品类别（名称）
01.05	稀奶油（淡奶油）及其类似品
01.06	干酪和再制干酪
01.07	以乳为主要配料的即食风味甜点或其预制产品（不包括冰淇淋和调味酸奶）
01.08	其他乳制品（如乳清粉、酪蛋白粉等）
02.0	脂肪，油和乳化脂肪制品
02.01	基本不含水的脂肪和油
02.01.01	植物油脂
02.01.01.01	植物油
02.01.01.02	氢化植物油
02.01.02	动物油脂（包括猪油、牛油、鱼油和其他动物脂肪等）
02.01.03	无水黄油，无水乳脂
02.02	水油状脂肪乳化制品
02.02.01	脂肪含量80%以上的乳化制品
02.02.01.01	黄油和浓缩黄油
02.02.01.02	人造黄油及其类似制品（如黄油和人造黄油混合品）
02.02.02	脂肪含量80%以下的乳化制品
02.03	02.02类以外的脂肪乳化制品，包括混合的和（或）调味的脂肪乳化制品
02.04	脂肪类甜品
02.05	其他油脂或油脂制品
03.0	冷冻饮品
03.01	冰淇淋类、雪糕类
03.02	—
03.03	风味冰、冰棍类
03.04	食用冰
03.05	其他冷冻饮品
04.0	水果、蔬菜（包括块根类）、豆类、食用菌、藻类、坚果以及籽类等
04.01	水果
04.01.01	新鲜水果
04.01.02	加工水果
04.01.02.01	水果罐头
04.01.02.02	果泥
04.02	蔬菜
04.02.01	新鲜蔬菜
04.02.02	加工蔬菜
04.03	食用菌和藻类
04.03.01	新鲜食用菌和藻类
04.03.02	加工食用菌和藻类
04.04	豆类制品
04.04.01	非发酵豆制品
04.04.01.01	豆腐类
04.04.01.02	豆干类

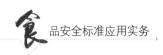

食品分类号	食品类别（名称）
04.04.01.03	豆干再制品
04.04.01.04	腐竹类（包括腐竹、油皮等）
04.04.01.05	新型豆制品（大豆蛋白膨化食品、大豆素肉等）
04.04.01.06	熟制豆类
04.04.01.07	豆粉、豆浆粉
04.04.01.08	豆浆
04.04.02	发酵豆制品
04.04.02.01	腐乳类
04.04.02.02	豆豉及其制品（包括纳豆）
04.04.03	其他豆制品
04.05	坚果和籽类
04.05.01	新鲜坚果与籽类
04.05.02	加工坚果与籽类
05.0	可可制品、巧克力和巧克力制品（包括代可可脂巧克力及制品）以及糖果
05.01	可可制品、巧克力和巧克力制品，包括代可可脂巧克力及制品
05.01.01	可可制品（包括以可可为主要原料的脂、粉、浆、酱、馅等）
05.01.02	巧克力和巧克力制品（05.01.01 涉及品种除外）
05.01.03	代可可脂巧克力及使用可可代用品的巧克力类似产品
05.02	糖果
05.02.01	胶基糖果
05.02.02	除胶基糖果以外的其他糖果
05.03	糖果和巧克力制品包衣
05.04	装饰糖果（如，工艺造型，或用于蛋糕装饰）、顶饰（非水果材料）和甜汁
06.0	粮食和粮食制品，包括大米、面粉、杂粮、淀粉等（07.0 焙烤食品涉及品种除外）
06.01	原粮
06.02	大米及其制品
06.02.01	大米
06.02.02	大米制品
06.02.03	米粉（包括汤圆粉等）
06.02.04	米粉制品
06.03	小麦粉及其制品
06.03.01	小麦粉
06.03.02	小麦粉制品
06.04	杂粮粉及其制品
06.04.01	杂粮粉
06.04.02	杂粮制品
06.04.02.01	八宝粥罐头
06.04.02.02	其他杂粮制品
06.05	淀粉及淀粉类制品
06.05.01	食用淀粉
06.05.02	淀粉制品

食品分类号	食品类别（名称）
06.05.02.01	粉丝、粉条
06.05.02.02	虾味片
06.05.02.03	藕粉
06.05.02.04	粉圆
06.06	即食谷物，包括碾轧燕麦（片）
06.07	方便米面制品
06.08	冷冻米面制品
06.09	谷类和淀粉类甜品（如米布丁、木薯布丁）
06.10	粮食制品馅料
07.0	焙烤食品
07.01	面包
07.02	糕点
07.02.01	中式糕点（月饼除外）
07.02.02	西式糕点
07.02.03	月饼
07.02.04	糕点上彩装
07.03	饼干
07.03.01	夹心及装饰类饼干
07.03.02	威化饼干
07.03.03	蛋卷
07.03.04	其他饼干
07.04	焙烤食品馅料及表面用挂浆
07.05	其他焙烤食品
08.0	肉及肉制品
08.01	生、鲜肉
08.02	预制肉制品
08.03	熟肉制品
08.03.01	酱卤肉制品类
08.03.02	熏、烧、烤肉类
08.03.03	油炸肉类
08.03.04	西式火腿（熏烤、烟熏、蒸煮火腿）类
08.03.05	肉灌肠类
08.03.06	发酵肉制品类
08.03.07	熟肉干制品
08.03.07.01	肉松类
08.03.07.02	肉干类
08.03.07.03	肉脯类
08.03.08	肉罐头类
08.03.09	可食用动物肠衣类
08.03.10	其他肉及肉制品

食品分类号	食品类别（名称）
09.0	水产及其制品（包括鱼类、甲壳类、贝类、软体类、棘皮类等水产及其加工制品等）
09.01	鲜水产
09.02	冷冻水产品及其制品
09.03	预制水产品（半成品）
09.04	熟制水产品（可直接食用）
09.05	水产品罐头
09.06	其他水产品及其制品
10.0	蛋及蛋制品
10.01	鲜蛋
10.02	再制蛋（不改变物理性状）
10.03	蛋制品（改变其物理性状）
10.03.01	脱水蛋制品（如蛋白粉、蛋黄粉、蛋白片）
10.03.02	热凝固蛋制品（如蛋黄酪、松花蛋肠）
10.03.03	冷冻蛋制品（如冰蛋）
10.03.04	液体蛋
10.04	其他蛋制品
11.0	甜味料，包括蜂蜜
11.01	食糖
11.01.01	白糖及白糖制品（如白砂糖、绵白糖、冰糖、方糖等）
11.01.02	其他糖和糖浆（如红糖、赤砂糖、槭树糖浆）
11.02	淀粉糖（果糖、葡萄糖、饴糖、部分转化糖等）
11.03	蜂蜜及花粉
11.04	餐桌甜味料
11.05	调味糖浆
11.06	其他甜味料
12.0	调味品
12.01	盐及代盐制品
12.02	鲜味剂和助鲜剂
12.03	醋
12.04	酱油
12.05	酱及酱制品
12.06	—
12.07	料酒及制品
12.08	—
12.09	香辛料类
12.10	复合调味料
12.10.01	固体复合调味料
12.10.02	半固体复合调味料
12.10.03	液体复合调味料（12.03，12.04 中涉及品种除外）
12.11	其他调味料

食品分类号	食品类别（名称）
13.0	特殊膳食用食品
13.01	婴幼儿配方食品
13.01.01	婴儿配方食品
13.01.02	较大婴儿和幼儿配方食品
13.01.03	特殊医学用途婴儿配方食品
13.02	婴幼儿辅助食品
13.02.01	婴幼儿谷类辅助食品
13.02.02	婴幼儿罐装辅助食品
13.03	特殊医学用途配方食品（13.01 中涉及品种除外）
13.04	低能量配方食品
13.05	除 13.01~13.04 外的其他特殊膳食用食品
14.0	饮料类
14.01	包装饮用水类
14.02	果蔬汁类
14.02.01	果蔬汁（浆）
14.02.02	浓缩果蔬汁（浆）
14.02.03	果蔬汁（肉）饮料（包括发酵型产品等）
14.03	蛋白饮料类
14.03.01	含乳饮料
14.03.02	植物蛋白饮料
14.03.03	复合蛋白饮料
14.04	水基调味饮料类
14.04.01	碳酸饮料
14.04.02	非碳酸饮料
14.04.02.01	特殊用途饮料（包括运动饮料、营养素饮料等）
14.04.02.02	风味饮料（包括果味、乳味、茶味、咖啡味及其他味饮料等）
14.05	茶、咖啡、植物饮料类
14.05.01	茶饮料类
14.05.02	咖啡饮料类
14.05.03	植物饮料类（包括可可饮料、谷物饮料等）
14.06	固体饮料类
14.06.01	果香型固体饮料
14.06.02	蛋白型固体饮料
14.06.03	速溶咖啡
14.06.04	其他固体饮料
14.07	—
14.08	其他饮料类
15.0	酒类
15.01	蒸馏酒
15.02	配制酒
15.03	发酵酒

续表

食品分类号	食品类别（名称）
16.0	其他类（01.0~15.0 中涉及品种除外）
16.01	果冻
16.02	茶叶、咖啡
16.03	胶原蛋白肠衣
16.04	酵母及酵母类制品
16.05	—
16.06	膨化食品
16.07	其他